毛乌素沙地煤炭－水资源协调开发研究

刘晓民　刘廷玺　王广会　王震宇　裴海峰　等　著

中国水利水电出版社
www.waterpub.com.cn
·北京·

内 容 提 要

　　本书针对我国煤炭富集区生态环境脆弱、水资源紧缺等问题,基于绿色开采理念,深入探讨了采煤活动对地下水系统的影响机制,提出了煤炭与水资源协调发展的理念,明晰了煤矿生命周期理论,并总结了协调开采的关键影响因素及其相互关系;构建了煤炭与水资源协调共采的综合效益指标体系和"多锥共底"模型,计算了不同生命周期阶段综合效益影响因子的权重;并以毛乌素沙地内呼吉尔特矿区的已建煤矿为例进行实证研究,研究结果为区域水资源保护和矿区绿色发展提供科学指导。

　　本书可供水资源规划、煤矿水资源综合开发等领域的科研人员参考使用,也可作为相关专业的研究生和本科生参考用书。

图书在版编目（CIP）数据

毛乌素沙地煤炭-水资源协调开发研究 / 刘晓民等著.
北京 ： 中国水利水电出版社， 2024. 8. -- ISBN 978-7
-5226-2604-8

Ⅰ. TD82；TV213.4

中国国家版本馆CIP数据核字第20246FB921号

书　　　名	**毛乌素沙地煤炭-水资源协调开发研究** MAOWUSU SHADI MEITAN‐SHUIZIYUAN XIETIAO KAIFA YANJIU
作　　　者	刘晓民　刘廷玺　王广会　王震宇　裴海峰　等 著
出 版 发 行	中国水利水电出版社 （北京市海淀区玉渊潭南路 1 号 D 座　100038） 网址：www. waterpub. com. cn E‐mail：sales@mwr. gov. cn 电话：（010）68545888（营销中心）
经　　　售	北京科水图书销售有限公司 电话：（010）68545874、63202643 全国各地新华书店和相关出版物销售网点
排　　　版	中国水利水电出版社微机排版中心
印　　　刷	北京中献拓方科技发展有限公司
规　　　格	184mm×260mm　16 开本　11.75 印张　194 千字
版　　　次	2024 年 8 月第 1 版　2024 年 8 月第 1 次印刷
定　　　价	**98.00 元**

前言
FOREWORD

随着我国东部煤炭产区可采资源趋于枯竭，煤炭生产重心向西转移，山西、陕西、内蒙古接壤区由于得天独厚的资源赋存特征成为我国目前产量最大的煤炭主产区。煤炭资源规模化开发背景下，区域地下水系统受到了强烈扰动，加之地区降水稀少、蒸发强烈，区域生态脆弱且抗扰动能力较差，煤炭资源开发与水资源保护的协调问题逐渐成为制约矿区绿色发展及生态建设的关键因素。本研究基于绿色开采思想，探求采煤活动对地下水系统的扰动过程，总结归纳煤炭-水资源协调共采影响因子及作用关系，并对各影响因子作用权重进行计算，对呼吉尔特矿区在产煤矿进行评价，为区域水资源保护提供方向并对矿区绿色发展提供参考。

本书以绿色开采理念为指导，深入探讨了采煤活动对地下水系统的影响机制，通过系统分析，提出了煤炭与水资源协调发展的理念，明晰了煤矿生命周期理论的概念内涵，并总结了煤炭与水资源协调开采的关键影响因素及其相互关系；构建了煤炭与水资源协调共采的综合效益影响指标体系和"多锥共底"模型，计算了不同生命周期阶段综合效益影响因子的权重；在此基础上，选择了毛乌素沙地内的主要采矿区——呼吉尔特矿区进行应用研究，从矿区的水文地质条件、水资源状况、煤炭储量及开采情况出发，将在产煤矿划分了规划设计、建设开采、闭坑整治三个生命周期阶段；采用网络分析法、尖锥网络分析法以及"多锥共底"模型，计算了各阶段各系统各指标所占的权重，并评价了各阶段煤炭-水资源协调共采的综合效益。研究结果旨在为区域水资源的保护提供科学指导，并为矿区的绿色发展提供参考依据。

全书共8章：第1章由刘晓民、王文娟、王震宇撰写；第2章由王广会、王梓行、吴英杰撰写；第3章由王文光、田宇、裴海峰、高海波撰写；第4章由刘晓民、王震宇、王广会、闫江鸿、裴海峰撰写；第5

章由刘廷玺、王震宇、王文光、郝蓉、裴海峰撰写；第6章由王文光、王震宇、王文娟、田宇、高海波撰写；第7章由刘晓民、王震宇、王广会、闫江鸿撰写；第8章由刘廷玺、刘晓民撰写。全书由刘晓民、刘廷玺统稿。

本书的撰写和出版得到了内蒙古自治区水利厅、内蒙古农业大学、鄂尔多斯市水利局、乌审旗水利事业发展中心等有关单位的大力支持和帮助；同时，也得到了国家重点研发计划项目"黄河几字弯区地下水–河湖系统保护与产业适水调控关键技术及应用示范"（2023YFC3206500）、"大型煤矿和有色矿矿井水高效利用技术与示范"（2018YFC0406400）、"科技兴蒙"行动重点专项"基于生态安全的毛乌素沙地水资源集约高效利用技术与示范"（2021EEDSCXSFQZD010）、内蒙古自治区科技领军人才团队（2022LJRC0007）等项目的资助，在此，一并表示衷心的感谢！

限于笔者水平，书中难免存在疏漏之处，敬请广大读者不吝批评赐教！

作者

2024 年 8 月

目录
CONTENTS

第1章 绪 论

1.1 研究背景及意义

1.1.1 研究背景

依据 2023 年《BP 世界能源展望》统计，目前全球能源消费中仍以化石燃料为主，其中石油占全球一次能源消费量的 34％、煤炭约占 27％，而核能和水电的比重相对较小，分别为 4％和 7％。近年来非化石能源的蓬勃发展，并没有改变煤炭资源在我国能源消费结构中的主导地位。据《中国能源统计年鉴 2023》和历年煤炭行业发展年报统计，我国历年能源消费总量、煤炭占比及矿井水利用率如图 1-1 所示，2022 年能源消费总量为 54.1 亿 t 标准煤，其中煤炭占比为 56.2％，矿井水利用率为 79.3％。在以非化石能源为主的新型能源体系尚在构建、低成本储能技术尚未突破的情况下，鉴于我国能源消费与经济增长仍处于弱脱钩态势，为保障现代化进程持续推进，煤炭作为能源安全稳定器的主体能源格局短期内不会改变。在外部环境干扰与经济复苏压力共同作用下，煤炭消费需求的大幅度增长带动了煤炭资源开发规模的扩张。

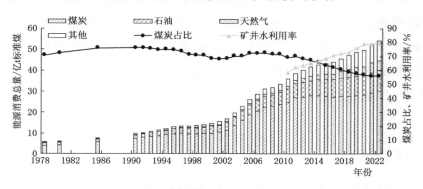

图 1-1 我国历年能源消费总量、煤炭占比及矿井水利用率

　　我国煤炭资源分布不均，整体而言，西多东少、北裕南瘠，按两纵（即大兴安岭-太行山-雪峰山线和贺兰山-龙门山线）和两横（即天山-阴山线和昆仑山-秦岭-大别山线）4 条线为界，形成"井"字形分布。煤炭资源赋存丰度与地区经济发展不平衡，且与水资源呈逆向分布。煤炭开采作为一种人为因素改造地质系统的过程，不可避免对矿区周围水资源、生态环境、煤水赋存关系及赋存的地质结构产生扰动影响，同时诱发地表生态损伤、地下水系统破坏、煤矸石排放、地面沉降等，直接导致植被退化、水资源污染、煤水供需失衡，严重威胁区域生态平衡。煤炭资源开发的环境影响如图 1-2 所示。

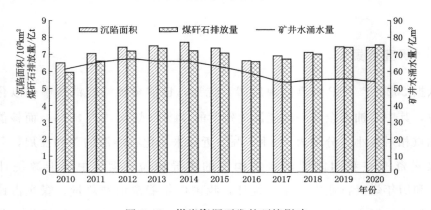

图 1-2　煤炭资源开发的环境影响

　　随着生态文明建设的不断推进，我国生态环境治理已经进入到由量变转换到质变的关键时期，资源环境承载力作为资源开发的刚性约束，将倒逼煤炭产业绿色发展水平进一步提升。一系列煤炭开发与环境协调的先进理念与技术体系相继形成，包括绿色开采、保水开采、仿生共采等。面临"2030 碳达峰、2060 碳中和"的"双碳"目标承诺，绿色低碳化发展煤炭开采技术已成为我国能源革命的迫切需求。煤矿区生态环境是相互作用、相互联系、互动反馈的复杂系统，如何做到由地下开采调控到地表生态环境保护，避免以往按照煤炭资源赋存条件或者市场需求制定开采规模的"缺陷"，立足"山水林田湖草沙"系统思维，实现煤炭资源与水资源协调发展是亟待解决的重大难题。

1.1.2　研究意义

　　黄河流域是我国最为重要的煤炭资源富集区、原煤生产加工区和煤炭产品的转换区，在全国已探明储量超过 100 亿 t 的 26 个大煤田中黄河流域有 12 个，其中分布着我国 9 个大型煤炭基地。黄河流域同时也是我国重要的生态安全屏障，在我国生态安全方面具有重要地位。随着煤炭供给侧结构性改革和能源结构调整的进一步深入、黄河流域生态保护和高质量发展战略的实施以及"双碳"目标的确定，煤炭行业面临着更加复杂的发展环境，研究煤炭行业生态环境与资源综合利用发展路径，对煤炭行业高质量发展具有重要意义。

区别于其他的工业生产活动，煤炭资源开发活动对于所在区域水资源生态系统的影响不仅仅在于工业耗水本身，更主要的影响在于煤炭开采会对当地的水资源生态环境造成很大程度的影响，包括改变区域水资源赋存环境和对地下水和地表水生态环境的影响。西部矿区富煤少水、生态脆弱，煤炭资源规模化开发利用带来的地下水系统破坏、生态环境损伤等问题，破坏了区域生态功能的同时加剧了生态退化进程。"煤炭-水资源"问题逐渐成为制约矿区高质量发展及生态文明建设的关键因素。大规模、高强度煤炭开采破坏了顶板覆岩结构与完整性，不可避免地对矿区特殊的生态环境和资源赋存地质结构产生扰动影响。

毛乌素沙地位于黄河"几字弯"腹地，是中国四大沙地之一，这里蕴藏着丰富的煤炭资源，是中国重要的能源基地，自 2000 年以来，这里成为我国煤炭开采速度最快的地区之一。毛乌素沙地属于西北干旱半干旱区，伴随煤炭资源开采大量矿井水随之产生，但由于涌水量不稳定、矿井水处理综合成本高等问题，使得区域矿井水综合利用效率不高。鉴于区域干旱少雨、蒸发强烈，大量矿井水外排造成了水资源浪费和土壤盐渍化，对采煤区周边生态环境产生了不同程度的威胁。针对当前煤炭资源开发和水资源的对立、矛盾现状，基于绿色开采思想与保水采煤技术，本书提出了煤炭-水资源协调度的概念，辨析矿区煤炭-水资源协调共采关键影响因素并研究其作用关系，识别不同开发阶段煤炭-水资源协调共采综合水平及短板环节，由"含水层保护"思维向"水资源保护"思维转变，将采矿活动对生态环境的影响程度降到最低，实现煤炭资源与水资源协调开采，是亟待解决的重大科学技术问题，尤其对缓解西部地区水资源供需矛盾、推动可持续发展具有重要意义。

1.2　国内外研究进展

1.2.1　煤矿水资源开采利用

煤系矿井水是煤系共伴生资源开发利用矿区区域水资源系统的重要组成部分，是地下含水系统具有补给机制的特殊单元，与矿区生态环境密切相关。煤矿大规模、高强度开采不可避免地对矿区自然环境、生态环境和资源赋存地质结构环境造成不同程度的扰动影响，当开采超过该区域环境的承载能力时将会使区域平衡的环境条件遭到破坏。

近年来，矿井水处理与利用问题得到了国家高度重视。2013 年，国家发展改革委、国家能源局联合印发了《矿井水利用发展规划》（发改环资〔2013〕118 号）；2014 年，国务院发布《水污染防治行动计划》，明确指出要推进矿井水综合利用，煤炭矿区的补充用水、周边地区生产和生态用水应优先使用矿井水；2017 年，财政部、国家税务总局、水利部联合发布了《扩大水资源税改革试点实施办法》，在试点地区将矿井水纳入了征收范围；2020 年 7 月，国家发展改革委公开《中华人民共和国煤炭法（修订草案）》（征求意见稿），其中增加了鼓励矿井水利用的专门条款；2020 年 11 月，生态环境部、国家发展改革委和国家能源局联合发布的《关于进一步加强煤炭资源开发环境影响评价管理的通知》（环环评〔2020〕63 号）中，规定了矿井水在充分利用后确需外排的，水质应满足或优于受纳水体环境功能区划规定的地表水环境质量对应值，且含盐量不得超过 1000mg/L。一系列政策的公布给矿井水处理利用工作提出了更高的要求。2024 年 2 月，国家发改委、水利部、自然资源部、生态环境部、应急管理部、市场监督管理总局、国家能源局、国家矿山安全监察局联合发布《关于加强矿井水保护和利用的指导意见》，要求到 2025 年黄河流域矿井水利用率 68% 以上，矿井水保护利用政策体系和市场运行机制基本建立，到 2030 年矿井水管理制度体系、市场调节机制和技术支撑能力不断增强，矿井水利用效率和效益进一步提高。

众多学者针对煤矿开采对含水层破坏、地下水资源及水环境影响、保水开采等方面开展了大量研究。钱鸣高等研究了岩层运动对覆岩裂隙演化与地下水和地表沉陷等环境问题的影响。冀瑞君等提出了采煤以破坏黏土层隔水性的方式导致泉流量减小、地表径流转为地下径流的影响机制。马雄德等采用路线穿越法剖析了典型区植被随潜水埋深变化的演替规律，阐明了生态脆弱矿区植被与地下水关系及其对煤层开采的约束作用。顾大钊等研发了煤矿地下水库技术，并在神东矿区建成了年供水量 7000 万 m^3 的地下水库，保障了神东矿区水资源的供应。范立民通过总结保水采煤技术取得的成果，提出了目前保水开采领域中煤炭开采与含水层保护的 5 个科学难题。侯恩科等依据富水特性将榆神府矿区划分为 4 种类型，并提出了不同类型条件下的水资源保护措施。郭小铭等研究了煤炭开采对含水层渗流规律的影响，提出了以控制含水层上段、适当扰动含水层下段的"控水开采"技术。毕银丽等研究了采煤沉陷地裂缝对土壤中水盐运移的影响，得到了土壤含水量越靠近裂缝处下降越快、盐随水行的变化规律。

毛乌素沙地水资源稀缺，而矿井涌水量却异常丰富，这与其干旱半干旱的气候条件形成了鲜明对比。在这种背景下，如何实现人与水的和谐共处、推动节约用水、科学开发利用地下矿井水资源，以及有效防治水资源灾害，成为亟待解决的关键问题。同时，如何在煤炭开采与水资源保护之间找到平衡点，协调二者之间的矛盾关系，也是一个迫切需要科学解答的问题。

1.2.2　采煤生命周期方法应用

任何一个生命体都将经历从出生、成长、衰老直至死亡的整个过程，其形态、功能在此过程中将经历一定的阶段并随之产生相应的变化，生命周期概念便是此过程的客观描述。随着经济社会的发展，源于生物学研究领域的生命周期概念，其概念得到进一步引申和扩展，广泛应用于各学科领域，逐步演化为一种研究技术，将研究对象从产生到消亡的整个过程，基于一定的条件划分为不同的阶段并加以剖析研究。

生命周期理论最早出现于制造业，美国可口可乐公司将其作为分析评价产品包装成本控制效果及环境影响效益的重要方法，随着经济社会的发展，生命周期理论逐渐成为对产品或者整个生产过程进行研究分析的一种重要手段。1966 年，美国经济学家雷蒙德·弗农（Raymond Vernon）在其代表著作《产品周期中的国际投资和国际贸易》中首次提出产品生命周期理论，从经济效能的角度阐明发达国家进行出口贸易、技术转让、对外投资的发展历程，认为产品与生命相似，必将经历出生、成熟、衰老全过程。并从利润最大化出发将产品的生命周期划分为新产品阶段、产品成熟阶段、产品标准化阶段。这里的产品生命周期是指产品的市场寿命，而非产品的使用寿命，随着时间及市场供需关系变化，在不同阶段呈现出不同的特点。在产品基础上，更进一步地讲，项目、产业同样具有生命周期特征，对于一个国家或地区来说，任何一个建设项目或者任何一种产业对地方经济增长的推动作用、对地方社会需求的满足程度终将被新兴项目或产业所代替。

煤炭资源作为化石能源具有不可再生性，其资源开发过程同样具有独特的生命周期机理，对于一个地区来说，本地区煤炭储量决定了资源开发生命周期总长度，而资源开发规模与市场需求变化会影响其生命周期中各阶段的长度。20 世纪 70 年代，能源危机冲击下，煤炭产业得到重视并迅猛发展，美国喷气推进实验室（Jet Propulsion Laboratory，JPL）在地下煤矿开采技术及经济变量影响分析会议中首次对地下煤炭开采生命周期进行描述，生命周期理论首次应用于煤炭开发领域。在此基础上，美国联邦地质调查局将煤炭开发利用过程划分为开发前期、开发、生产及后期制作 4 个阶段，旨在进一步挖掘评估煤炭资源及其经济价值。经过多年的发展，针对煤炭开发生命周期的研究逐步从经济方面向生态环境领域转变，Mbedzi 等从环境成本、生命周期成本等多方面，研究了煤炭资源从开发到废弃物排放全过程，并核算了其对国家经济的贡献度以及对环境的伤害度，同时考虑环境修复等其他必要隐性成本，以期促进国家能源开发效率，节约投资成本。近年来，资源绿色开发成为国际研究热点，通过系统研究梳理伊朗部分矿山开采前、开采和关闭阶段的环境变化特征，Ardejani 等利用生命周期评估量化从勘探阶段到生产，再到煤矿关闭过程中矿场周边生态环境状况的变化，从而制定有针对性的环境保护政策及法规，以实现绿色开发的真正含义。

21 世纪初，我国经济社会进入发展快车道，矿产资源需求与日俱增，为研究新形势下资源开发与经济增长协同发展关系，业界学者以生命周期理论为基础，开展了广泛的探索。张青等为了探究资源耗竭型企业生命周期特征，以开采强度、开采年限、生产结构等因素作为生命周期划分节点，认为煤炭企业生命周期可以分为 5 个时期 8 个阶段，将生命周期理论用于煤炭企业开发阶段判定。陆刚等对多种矿井衰老影响因素进行相关性分析，认为剩余服务年限是矿井衰老的关键识别指标，同时将矿井生命周期划分为创建期、投产及达产期、稳产期、衰老期 4 个阶段，生命周期理论在煤炭产业的应用进一步得到延伸。刘俊峰围绕煤炭建设项目成本管理开展深入研究，基于多种实际案例判别项目成本关键要素，以成本为衡量指标将生命周期划分为设计阶段、建设阶段、投产阶段、达产阶段、稳产阶段、减产阶段、退出阶段，生命周期理论逐渐成为项目成本全过程管理的重要理论基础。方向清聚焦于采煤扰动下矿井水污染问题，结合煤炭开采及利用环节产生的环境问题，将矿井水生命周期划分为天然期（勘察阶段）、生长期（建井至小规模生产阶段）、成熟期（大规模生产阶段至生产晚期）、死亡期（矿山关闭前后）4 个阶段，进而围绕上述阶段提出工业供水、农业灌溉、生态补水等资源利用举措，以此来缓解由采煤引发的生态环境问题，生命周期理论应用范围及深度进一步扩大，其理论内涵得到进一步发展。综合来看，处于不同阶段的煤矿，由采煤引发的环境影响与资源效应各不相同，深入研究煤矿各阶段资源开发特点、环境损伤特征，更有助于强化资源管理决策，避免煤炭资源浪费，有助于提高资源利用效率，同时有助于实现资源-社会-经济协同可持续发展。

从发展历程上来看，生命周期固有内涵进一步引申至煤炭资源开发领域，众多学者从投资成本、环境效应、资源利用等角度进行了大量探索，生命周期理论的应用研究从宏观理论层面逐步向微观实践层面下沉，从全生命周期角度来统筹考虑资源开发效益有助于促进产业高质量发展。

1. 2. 3 煤炭-水资源协调开发研究

水资源是维系区域生态平衡的关键要素。煤炭资源的开发不可避免地会对区域地下水系统造成干扰，影响其自然循环，从而对生态平衡带来潜在威胁。因此，实现煤炭资源与水资源的协调开发，是保护水资源、维护生态平衡的重要策略。目前，关于煤炭与水资源协调开发的研究已经取得了显著进展，并积累了丰富的成果。

2012 年 11 月，国际能源署在《2012 世界能源展望》中，首次从国际层面强调煤炭资源开发过程对水资源及生态环境的损伤，呼吁各国重视煤炭经济价值的同时，关注煤炭开发带来的水资源、生态环境问题。Chatterjee 利用地理信息系统（Geographic Information System，GIS）技术对印度丹巴德煤矿区地下水水质演化历程进行深入研究，认为采煤活动会对浅部地下水造成污染，威胁居民生活用水安全健康，理论发展初期，研究重点侧重于采煤活动对居民正常生活的影响方面。Viadero 等研究发现采煤活动引起的环境破坏效应具有明显的持续性，同样矿井水的任意排放也会对区域生态环境造成不可逆的损伤，研究重点逐渐向采煤活动的生态效应延伸。随着经济进一步发展，资源绿色开发成为国际社会的普遍共识，资源—环境两手抓，经济—生态一样重，煤炭-水资源双资源协调开发理论体系由此开始迅速发展。"十三五"期间，煤炭产能逐步由江苏、安徽、江西、河南、四川等传统大涌水矿区向山西、陕西、内蒙古、宁夏、新疆等水资源匮乏地区转移，矿井水涌水量总体呈下降趋势。2016 年 12 月，国家发展改革委、国家能源局联合印发的《煤炭工业发展"十三五"规划》，对地区矿井水利用效率提出了要求，强调采煤工作对水资源系统的破坏。实现煤炭-水资源共采已经从研究理论提升为行业要求。随着环保意识的增强，社会各界重视资源开发效率的同时，更加关注煤炭与水资源协同开发等相关领域，在绿色开采、"保水采煤"、精准开采、减损开采等理论引导下开展了大量研究，煤炭-水资源协调开发逐渐从机理研究转向模拟实验。鉴于采煤对地下水系统的扰动机理复杂、影响因素众多，张建民等提出以"隔离-引导-调控"为核心的煤炭-水资源仿生共采理念，针对采煤生态系统中不同元素间的耦合关系及作用方式进行深入研究，对影响煤炭-水资源共采的若干关键因素进行判别。曹志国等基于特殊生态地质条件开展多种工况下煤炭-水资源协调开采物理模拟实验，发现在关键部位建造人工隔水层对覆岩渗流特性影响显著，有效阻隔上覆含水层水渗入采空区，有利于保护地下水体。后续学者对于煤炭-水资源协调开发的思考，逐渐从井下水害防治、保护生态环境向综合效益提升转化，从系统性、层次性出发，王庆伟等基于层次分析法和灰色系统理论，构建"煤-水-环"绿色协调发展评价指标体系，将煤炭-水资源、生态环境视为利益整体而统筹考量，并对寺河井田、成庄井田进行评价分析。

通过上述分析可知，煤炭-水资源协调开发经过多年的发展，从最初的一种地下水污染、环境问题的解决方案逐渐演变为资源开发过程中重要评价准则，进而逐步转化为缺水地区的一种重要资源开发理念。

1.3　研究内容及技术路线

1.3.1　研究内容

本书以毛乌素沙地主采矿区——呼吉尔特矿区为研究对象，集中探讨煤炭-水资源协调共采综合效益影响指标的识别界定、不同指标间相互影响机制分析、权重计算方法比选以及综合评价，主要包含以下几个方面：

（1）生命周期理论应用：基于生命周期理论，深入分析产业及煤矿的生命周期概念，探讨采煤活动对地下水系统的影响，揭示采煤驱动下的地下水演化特征。进一步研究煤炭-水资源协调共采在不同生命周期阶段的演化规律及其主要特征。

（2）综合效益影响指标识别：基于知识图谱分析、现有研究成果和现行标准规范，结合学术文献资料，系统识别影响综合效益的关键指标。

（3）指标间相互影响机制分析：基于影响因素的作用方式及其相互作用关系，划分影响指标类别，并依托专家学者研究成果，深入研究不同指标间的相互影响关系，总结重点指标的作用机制。

（4）综合效益影响指标体系构建：依据煤矿不同生命周期阶段的特征，考虑不同阶段和类别的评价指标特点，遵循科学性、系统性和可实现性原则，构建煤炭-水资源协调共采的综合效益影响指标体系。

（5）权重计算方法研究：构建"多锥共底"权重计算模型，归纳并对比不同的权重计算方法，如网络分析法、尖锥网络分析法和"多锥共底"模型，评估指标的相对重要性。通过这些方法，识别煤炭-水资源协调共采的主要研究方向和改进路径，并评价矿区的协调共采水平，为提高综合效益和优化资源开发方式提供参考。

1.3.2　技术路线

本书通过梳理整合呼吉尔特矿区地质条件、水资源、水文地质、自然资源、生态环境、产业布局等方面资料，秉承绿色开采理念，利用生命周期理论将煤炭-水资源协调共采生命周期划分不同阶段，结合知识图谱分析、已有研究成果等方式获取相关影响指标，进而建立煤炭-水资源协调共采综合效益影响指标体系，应用尖锥网络分析法等先进的技术手段，量化各指标之间的相互关系和影响力度，从而揭示出关键指标对整体效益的贡献度，基于此研究分析呼吉尔特矿区各煤矿煤炭-水资源协调共采总体发展水平及关键短板环节。研究技术路线如图 1-3 所示。

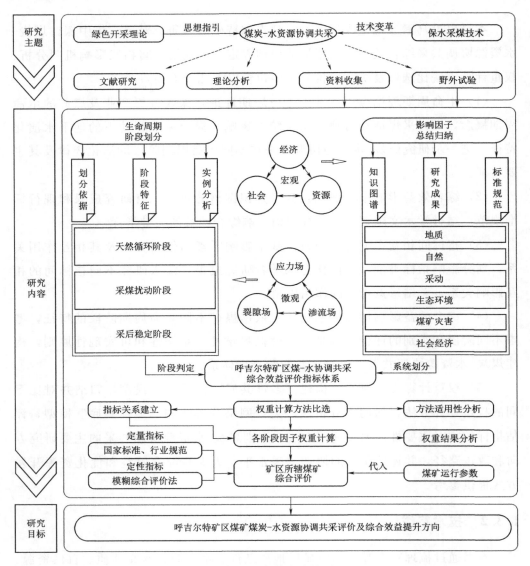

图 1-3　研究技术路线图

第2章 煤炭-水资源协调发展理念

2.1 煤炭-水资源的同等性考量

我国是世界上最大的能源生产、消费国，也是世界上最大的煤炭生产、消费国（BP世界能源统计，2016）。根据英国石油公司（BP）的统计数据，2022年，全世界总计生产煤炭8803.4百万t标准煤，我国煤炭生产量为4560.0百万t标准煤，占世界煤炭总产量的50.6%，美国煤炭产量为539.4百万t标准煤，占比6.4%，印度全年生产煤炭量为910.9百万t标准煤，占比为10.0%。同时，根据BP最新数据，2022年我国全年煤炭消费量占世界煤炭消费总量的54.8%，长期以来，我国一直是世界上最大的煤炭消费国。

能源结构上，煤炭作为国家基础能源，在支撑国民经济发展，保障国家能源安全上占有举足轻重的地位。2023年我国能源消费总量57.2亿t标准煤，其中，煤炭消费总量为31.6亿t标准煤，占比55.3%。2023年我国一次能源生产总量为48.3亿t标准煤，原煤生产总量为47.1亿t标准煤，占比达74%。

依据国家统计局数据，对改革开放以来的我国能源结构数据进行梳理，我国能源生产总量构成中，煤炭作为基础能源，无论生产占比还是消费占比，基本维持在65%以上。而在我国能源消费总量构成中，在1978—1990年，煤炭消费呈上升趋势；在1990—2002年，煤炭消费比重略有下降，却仍然保持在了68%份额之上；在2002—2007年，煤炭消费比重上升到71.1%。虽然在国家能源结构调整、经济增速放缓的大背景下，煤炭消费比例从2007年持续下降，至2013年降至66%，2015年降至64%，2023年进一步降至55.3%，但仍然远远高于石油、天然气及其他能源消费的比重，占据能源消费的绝对领先地位。

《中国能源中长期（2030、2050）发展战略研究》指出，2030—2050年，我国一次能源结构将发生重大调整，但是煤炭仍然是能源体系的基础，占据半壁江山。立足我国的基本国情，煤炭相比较石油、天然气、新型能源具有明显的资源优势，且相比而言，能源投资强度较低，周期较短，技术相对成熟。在保障国家能源安全上具有明显优势。

2.1.1　我国煤炭资源现状

我国煤炭资源丰富。据中国煤炭地质总局 2017 年完成的《全国煤炭资源潜力评价》，全国 2000m 以浅的煤炭资源总量为 5.90 万亿 t，其中查明和预测的资源为 2.02 万亿 t，其中生产井、在建井已占用近 4200 亿 t；全国潜在资源为 3.88 万亿 t。科学地进一步分析我国煤炭资源现状，勘探储量仅占 30%，煤炭基础储量中经济可采储量仅为 57%。人均煤炭资源占有量与国际平均水平基本相当，仅为美国、俄罗斯等国的 1/6～1/3。必须加强煤炭资源洁净高效合理利用。

煤炭资源分布极不均衡。受东西向、南北向"两横"和"两纵"构造带控制，我国煤炭资源分布呈"井"字形分布特征。"井"字形"九宫"分区格局体现了含煤盆地和煤炭资源的分布特征，也展现了区域自然地理、生态环境以及社会经济发展水平等要素分异。

煤炭资源赋存丰度与地区经济发达程度呈逆向分布。经济发达且煤炭需求量大的东部地区，煤炭资源严重匮乏，浙江、福建、江西、湖北、湖南、广东、广西、海南 8 省（自治区）的保有煤炭资源总量仅占全国总量的 0.7%。而资源丰富地区相对经济不发达，新疆、内蒙古、陕西和山西占全国保有资源总量的 79.5%。若从保有尚未利用资源量来看，上述趋势将更为凸显。此特点使煤炭基地远离消费市场，煤炭资源中心远离消费中心，加剧了远距离输配煤炭的压力。

我国煤炭资源中，从低变质褐煤到高变质无烟煤均有赋存。褐煤和低变质程度烟煤占探明资源储量的 55.1%。褐煤资源主要分布在内蒙古东部和云南省境内，其发热量低、水分高的资源特点，导致其不适合远距离运输。以褐煤为代表的低品质煤提质加工利用是实现我国煤炭可持续发展的重要战略选择。较为稀缺的中变质炼焦煤占探明资源储量的 27.6%，且大多数为气煤，优质炼焦煤资源仅占探明储量的 9% 左右。随着钢铁工业的高速发展，优质炼焦煤的资源稀缺性凸显，加强稀缺煤资源洗选过程中的回收是实现可持续发展的最好途径。高变质的贫煤和无烟煤数量仅占保有资源量的 17%。高硫煤占探明资源储量约 14%，主要分布在四川、重庆、贵州、山西等省（直辖市）。

　　我国地处欧亚板块、太平洋板块和印度板块的交会处，为一个复式大陆，总体构造复杂。同美国、澳大利亚等国比较，我国煤田构造复杂，尚未利用煤层埋藏较深，适宜露天开采的煤炭资源较少。煤田地质条件总体上是南方复杂、北方简单，东部复杂、西部简单，水害、煤与瓦斯突出、冲击地压等地质灾害的分布也基本符合这一规律。煤炭资源的 53% 埋深在 1000m 以下，且构造复杂。目前的平均开采深度接近 600m，千米深井已达 37 处，最深的达 1300m，深井数量还在增加。适合于露天开采的资源量仅占 10%～15%。资源条件决定，我国煤矿必须以井工开采为主。东部地区煤炭资源主要富集于东北、华东区域，该地区大部分区域资源已逐步枯竭、开采条件恶化，主力生产矿井已进入开发中后期，主体开采深度已达 800m 以下，采区进入构造复杂，瓦斯、水等灾害严重区域，甚至进入边角区域。西部的晋陕蒙宁甘地区、新青地区集中着我国 90% 的煤炭资源，该地区地质构造简单、煤层厚、埋深浅、水及瓦斯灾害小，但区域内水资源极度短缺，生态环境十分脆弱，远离煤炭消费中心，在很大程度上制约了煤炭资源的开发和就地加工转化。

2.1.2　煤炭开发现状

　　煤炭是我国主要一次能源，近几年产量快速上升。煤炭在我国一次能源生产中一直占主导地位。由于能源结构调整等原因，20 世纪 90 年代后期，我国煤炭产量增速曾一度放缓。近 10 年来，在经济迅速发展的带动下，我国原煤产量持续快速增长，煤炭产量由 2000 年的 10.8 亿 t 一跃上升至 2022 年的 45.6 亿 t，占当年世界煤炭产量的 50.6%。在世界前十个产煤国中，我国煤炭年产量较另外 9 个国家的煤炭产量之和还多。

　　从生产区域看，近几年我国东、中部地区煤炭产量基本维持稳定，西部产量快速提升。从各省（自治区）分布看，截至 2022 年底，原煤产量在 1 亿 t/a 以上的省（自治区）有 6 个，原煤产量达 39.6 亿 t，其中晋陕蒙新 4 省（自治区）原煤产量为 36.9 亿 t/a，占全国的 80.9%；山西、内蒙古原煤年产量迈入 10 亿 t 级行列。

　　煤炭供应能力快速提升，煤炭产能略大于产量。1978 年，全国国有煤矿 2263 处、产量 46428 万 t，平均单井规模 20.52 万 t/a；乡镇煤矿产量 9352 万 t，占全国总产量的 15.4％。1988 年全国煤矿数量达到 6.5 万处，平均单井规模下降到 1.52 万 t/a；其中乡镇煤矿快速发展到 6.3 万处，单井规模仅为 0.56 万 t/a。1992 年，原煤炭工业部提出"建设高产高效矿井，加快煤炭工业现代化"的号召。此后，全国推进大型煤炭基地建设，兼并重组形成了若干个大型煤炭企业集团。到 2008 年，全国共有各类煤矿 1.8 万处，生产煤炭 27.93 亿 t，平均单井产量提高到 126.63 万 t/a。此后的 10 年里，大型煤炭基地建设、企业兼并重组、"双高"矿井建设和淘汰落后产能不断推进。2017 年，14 个大型煤炭基地产量占全国的 94.3％；前 4 家大型煤炭企业产量占全国总产量的 26.5％，前 8 家大型煤炭企业产量占比接近 40％。这些数据表明，大型煤炭基地对保障煤炭稳定供应的作用日益突出，大型煤炭企业集团、大型现代化煤矿成为煤炭供应的主力军。随着近年来产业结构优化升级，截至 2022 年底，全国共有煤矿数量约 4400 处，在建 572 处，生产煤矿产能超过 44 亿 t/a。其中，千万吨级生产煤矿 79 处，产能提高到 12.8 亿 t/a；年产 120 万 t 以上的大型煤矿 1200 处以上，已占全国的 85％左右。建成智能化煤矿 572 处，智能化采掘工作面 1019 处。

与此同时，煤矿安全整体状况依然严峻。自 2018 年开始，我国煤矿百万吨死亡率降至 0.1 以内，2021 年达到最低点 0.044。但这一数字在 2022 年稍有反弹，回升至 0.054，当年发生煤矿安全生产事故 168 起，死亡 245 人。据 2023 年国民经济和社会发展统计公报，2023 年全年发生煤矿安全生产事故死亡人数为 443 人，百万吨死亡率 0.094，上升 23.7％。

总体来看，煤炭产业发展持续向好，但区域性、时段性煤炭供应紧张的局面依然出现，部分现有生产能力不能满足清洁、安全、高效开采的需求，煤炭无节制非科学开采情况依然比较严重，煤矿安全仍是关注的重点之一。

2.1.3　我国水资源形势

联合国粮食及农业组织曾就水资源危机发出警告，"对于全球约三分之一的地区，水，而非土地，将成为当地生产发展的主要制约因素"。世界经济论坛《2015 年度全球风险报告》认为，未来 10 年中，水危机将成为全球最大的潜在威胁。我国的水资源相对短缺，且污染和生态环境恶化问题严重，成为国民经济发展的主要瓶颈。我国淡水资源总量仅占全球水资源总量的 6％，人均水资源占有量仅为世界水平的 1/4。我国的淡水资源分布不均衡，北方的淡水资源仅占南方淡水资源的 1/4。有研究指出，近年来我国的水资源量出现过明显的减少，比如黄河、淮河等流域。

2013 年 1 月，国务院办公厅发布了《实行最严格水资源管理制度考核办法》，从政策层面给全国和各地区的用水量、用水效率以及水质达标率设定了严格的约束指标，明确了全国层面实行最严格水资源管理制度 2030 年"三条红线"控制目标和 2015 年、2020 年阶段性控制目标，要求严格实行"三条红线"管理。例如，2015 年、2020 年和 2030 年的全国用水总量目标分别为 6350 亿 m³、6700 亿 m³、7000 亿 m³ 等，全国水质达标率分别为 60%、80%、95%。

已有研究指出，作为我国现在的煤炭开发重点区域，山西、陕西、内蒙古、甘肃和宁夏的煤炭储量占全国 71% 以上，而水资源却只有全国水资源量的 3.9%，说明我国的煤炭资源分布和水资源分布表现出了严重的"逆向分布"特征，也揭示出我国煤炭的重点开发区域存在更为严重的水资源短缺的情况。西北地区是我国的典型缺水区，也是我国的煤炭资源分布集中区。有研究指出，我国主要煤炭产地（晋东、晋中、晋北、陕北、黄陇、宁东、神东、蒙东、新疆、冀中、鲁西、河南、两淮和云贵 14 个大型煤炭生产基地），人均水资源占有量和单位国土面积水资源保有量仅为全国水平的 1/10。我国煤炭资源的聚集区，水资源面临的形势尤为严峻。

2.1.4 煤炭-水资源同等性权衡

井工开采、露天开采是煤炭开采的两种方式。露天开采因其开采能力大、建设速度快、劳动效率高、生产成本低、劳动环境优、安全有保证、资源回采率高等特点，2021 年国外产煤国家露天煤矿产量约 32 亿 t，约占全部煤炭产量的 81%；11 个主要产煤国家的露天煤矿产量占比在 50% 以上，其中印度、印度尼西亚、德国、加拿大露天煤矿炭产量占比在 90% 以上；澳大利亚、俄罗斯露天煤矿煤炭产量占比为 70%～90%；美国、南非、哈萨克斯坦露天煤矿煤炭产量占比在 50%～70%。

我国煤炭资源露天开采技术起步较晚，主要以井工开采为主，在生产中的大型露天煤矿主要分布在内蒙古、山西、新疆、云南、黑龙江和陕西，其中内蒙古最多，数量 167 处，生产能力 42285 万 t/a，采煤主体集中在中央企业及地方国有企业。2021 年我国露天煤矿煤炭产量 95 亿 t，占我国煤炭总产量的比重为 23%。2021—2022 年，为保证国内煤炭市场供应，露天煤矿产能迅速提高，为全国煤炭保障供应提供了约 70% 的产量，为快速缓解我国阶段性煤炭供应短缺、保障我国煤炭长期稳定供应和国家能源安全作出了重要贡献。

目前，国内水资源与煤炭资源呈现逆向分布的特点，即东部缺煤富水，西部富煤缺水，山西、陕西、内蒙古、宁夏、甘肃等省（自治区）的煤炭资源最为丰富，约占全国煤炭产量的 97%，全国储量的 2/3，而这些地区水资源量仅占国家水资源总量的 3.9%。由于含煤地层一般在地下含水层之下，在采煤过程中，为确保煤矿井下安全生产，煤层地下水被当作"水害"，通过排水泵站及其配套设施，大量地下水被疏干，并以"矿井涌水"的形式排出地表。根据原国家煤矿安全监察局统计数据，全国煤矿涌水量呈逐步增长趋势，近年来全国煤矿实际涌水量平均为 71.7 亿 m^3/a。随着煤炭开采迈向深部，矿井涌水量还将有继续增加的可能。由于煤矿的开采，地下水的破坏每年约为 80 亿 m^3，但矿井水的利用率只有 60% 左右，矿山水资源的损失量如果能用于工业发展和生态补水将更有利于促进资源城市绿色高质量发展。

近几年的多项重要研究也表明，煤矿开采活动的确对当地的水资源生态系统造成比较大的破坏。例如，国际环保组织绿色和平在 2016 年发布的研究报告《窟野河流域煤水矛盾研究》中指出，煤矿开采是造成窟野河流域地表水资源锐减、河道断流的最主要原因。另外，黄河水资源保护科学研究院通过对黄河最重要的一级支流之一的窟野河水文环境进行调查，发现窟野河 2001—2010 年河川天然径流量仅为 2.54 亿 m^3，较 1956—2000 年均值 5.54 亿 m^3 减少了 3 亿 m^3，减少幅度为 54%。该研究认为人类活动（水保工程、煤炭开采、城镇化建设等）是导致窟野河天然河川径流量锐减的主要原因。同时，内蒙古自治区自然资源厅在 2015 年发布的《内蒙古自治区地质环境公报》中指出，内蒙古地区地下水水位下降最为严重的矿区主要集中在呼伦贝尔市宝日希勒矿区、伊敏矿区以及赤峰市元宝山露天矿区等。

当前，我国的煤炭资源开采集中在西部地区，而西部地区，尤其是西北部地区，正是我国缺水严重的地区。2014 年 6 月，国务院办公厅发布的《能源发展战略行动计划（2014—2020 年）》进一步明确了重点建设晋北、晋中、晋东、神东、陕北、黄陇、宁东、鲁西、两淮、云贵、冀中、河南、蒙东、新疆

14 个亿吨级大型煤炭生产基地。根据中国科学院地理科学与资源研究所的研究，2015 年全国 14 个大型煤炭基地上下游产业链需水量总计约 99.75 亿 m^3，相当于黄河正常年份可供分配水量 370 亿 m^3 的 1/4 以上。其中采煤产业需水总量为 66.47 亿 m^3，占总产业需水量的 66.64%，而该区域的人均水资源占有量和单位国土面积水资源保有量仅为全国水平的 1/10。相关研究显示，山西、陕西、内蒙古、宁夏、甘肃的探明煤炭保有储量占全国 71%，而水资源量占全国的 3.9%。根据国家发展改革委、国家能源局发布的《煤炭工业发展"十三五"规划》（以下简称《规划》）要求，将在"十三五"期间（2016—2020 年），严格控制煤炭新增规模。《规划》明确将内蒙古、陕西、新疆确定为重点建设省（自治区）。由于《规划》属于政府发布的政策引导类文件，因此未来五年，内蒙古、新疆和陕西将作为煤炭生产的重点地区。

对 2016 年、2020 年各省（自治区）煤炭产量进行分析。2016 年，我国 25 个煤炭生产省（自治区）中，内蒙古为最大的煤炭生产区，产量为 8.38 亿 t，占全国总产量的 25%；按照各地"十三五"工业经济规划或者"十三五"能源规划等文件发布的 2020 年规划煤炭产量，到 2020 年，内蒙古地区仍然是我国煤炭资源开采量最大的地区，煤炭产量占全国产量比例较 2016 年数据有所增加，大约占比为 29%。而根据水利部发布的《2016 年中国水资源公报》数据，内蒙古的水资源量为 426.5 亿 m^3，仅占全国水资源总量的 1.3%。事实上，截至 2023 年，内蒙古煤炭产量已达 12.1 亿 t，占全国煤炭总产量四分之一，但水资源总量仅为 491.9 亿 m^3，仅占全国水资源总量的 1.9%。以上数据说明，目前煤炭开发重点区域与水资源匮乏区大范围重叠，煤炭-水资源矛盾在内蒙古地区尤其突出。

对于煤炭资源开采与水资源保护之间关系的研究中，可以归纳为两大类：一类从工程技术角度，研究保水开采和矿井储水等技术，例如基于煤炭开采区域的岩层分布、水资源赋存的地质特征等，通过研究煤炭开采对地下水和地表水的影响规律，提出保水开采的技术建议；另一类的研究中，通常对煤炭开采的耗水和污染水等问题进行估算，通常采用国家、省（自治区、直辖市）、行业用水标准对煤炭开采耗水进行估算，偏离值较大。例如，丁宁等采取煤炭清洁生产标准中的三级指标估算全国煤炭耗水量，中国科学院地理科学与资源研究所对于煤炭开采耗水量的计算即使用了省（自治区、直辖市）对工业用水标准进行估算。丁宁采用水足迹推算的 2013 年全国煤炭耗水量为 157.4 亿 m^3，林刚等通过计算得到，2022 年全国煤炭开采耗水量平均为 $0.9m^3/t$，水资源消费较为严重。水资源与煤炭资源都是宝贵的自然资源，同时是国家的重要战略资源，研究两者的关联关系很有意义（煤炭开采中的节水、保水，煤炭资源与水资源联合开采等问题）。

煤炭资源与水资源本身就是密不可分的。首先，由于煤炭资源的赋存条件，使得其开采过程必然改变地下水所在的空间结构；其次，在开采煤炭过程中，不同环节用水、退水都会对区域水环境造成影响。一直以来，煤炭主管部门将煤炭开采过程中伴生的出水当作"水害"来处理，并且在煤炭资源的开发中水资源不作为硬约束，一定程度上造成水资源的浪费。对煤炭资源开采系统与水资源生态系统构成的复合系统协同的概念和相关特征的界定和分析主要借鉴煤炭资源协同理论和水资源协同理论，将煤炭资源开采系统与水资源生态系统协同（即"煤-水协同"）定义为煤炭资源开采系统和水资源生态系统互相制约又互相依存的动态过程。煤炭资源开采系统的运行和维持需要水资源的支持，同时其系统运行效率和规模又受到水资源的限制和影响；水资源生态系统的稳定性和健康度受煤炭资源开采规模和过程影响，同时又制约和影响煤炭资源开采系统的规模与运行。其中，"煤-水协同"的最优状态为煤炭资源开采对水资源生态系统的破坏和污染最小化，而水资源对煤炭资源开采的支持最大化，即两大系统健康度较高且有序演化，系统之间呈现出明显的互相支持状态。在煤炭-水资源协调开发理念下，水资源、煤炭资源被看作同等的自然资源，具有同等重要性。

2.2　矿井水来源产生-利用分析

2.2.1　矿井水来源产生

矿井水的形成一般是由于巷道揭露和采空区塌陷波及含水层所致，其水源主要是大气降水、地表水、断层水、含水层水和采空区水。

（1）大气降水。大气降水是矿井水的总根源，其中，一部分被蒸发并随河流流走；另一部分则沿岩石的孔隙和裂隙进入地下，或直接进入矿井。大气降水在不同地区、不同季节、不同开采深度对矿井水的影响也不相同。在降水量少的西北地区，矿井涌水量就小，在降水量多的南方地区，矿井涌水量就大。即使在同一地区，由于大气降水量随季节的变化，矿井涌水量也随着发生周期性变化。同时由于矿井开采深度不同，矿井涌水量也随着发生相应变化。一般而言，矿井涌水量随开采深度增加而增加，开采上山水平矿井涌水量较小，开采下山水平矿井涌水量较大。

（2）地表水。位于矿井附近或直接分布在矿井以上的地表水体，如河流、湖泊、水池、水库等，是矿井充水的重要因素，可直接或间接地通过岩石的孔隙、裂隙、岩溶等流入矿井，威胁矿井生产的安全。

（3）断层水。断层水大量流入矿井的水与区域地质构造有关，断层破碎带是地下水的通道和聚积区，沿断层破碎带可沟通各个含水层，并与地表水发生水力联系，形成断层水。断层水对矿井生产的影响，主要是由于巷道揭露或采掘活动破坏了围岩的隔水性能造成断层带的水涌入井下。其特点是净储量小，动储量大，与地表水高压强含水层沟通，对矿井生产造成巨大威胁，特别是在断层交叉处最容易发生透水事故。

（4）含水层水。含水层水含水断层是矿井主要的充水来源。多数情况下，大气降水与地表水先是补给含水层，然后再流入矿井。流入矿井的含水层水量包括静储量和动储量。静储量就是巷道未揭露含水层前，实际赋存在含水层中的地下水，它的大小决定于含水层的厚度、岩石裂隙大小及多少。一般在矿井开采初期排出的矿井水主要是静储量，能在矿井排水中逐渐减少以至疏干。如果降水、地表水包括其他水源不断流入含水层中，使含水层的水得到新的补充，虽然井下长期排水，但含水层中的水仍源源而来，不会中断，这些补给含水层的水量称为动储量。因此，属静储量的含水层水对矿井生产初期有一定的影响，而后逐渐减弱，属动储量的含水层水对矿井生产的影响将长期存在。

（5）采空区水（老窑积水）。古代和近期的采空区及废弃巷道，由于长期停止排水而存在的地下水，通常称为采空区水。我国煤矿开采有着悠久的历史，一些直接出露地表或易发现的煤层，浅部多数为采空区。再加上前几年乡镇煤矿的乱挖滥采，不仅在老窑数量、采空区范围上增大，而且从开采深度上越采越深，它就像一个个地下水库，一旦巷道揭露或巷道与老窑之间的煤岩柱强度小于它的静压时，就会像水库垮了水坝一样，突然淹没其"下游"，从而造成严重事故，后果不堪设想。

目前，我国的煤炭产业开发利用产业体系中，煤炭洗选、原煤开采、燃煤发电以及煤化工4个产业对水资源的需求量较大。大型工业煤炭工业园区多以多个产业相互聚集，形成原煤的全链条生产工艺。但在煤炭产业开发利用体系中，不同的单位按照生产计划的需求，对水资源的需求程度也各有差异，出现用水时空不均衡，煤水发展不协调的问题。

煤炭开采对地表水的影响主要反映在地表基流上。煤系地层区内的天然基流主要来源于基岩裂隙水的补给，是并沿地层裂隙层理就近排泄至河道并且是沿程增加趋势。采煤后，矿井附近的基岩裂隙水不再排向河道而排向矿井减少了河道基流来源。随着采空区的扩大裂缝也随之加大、加深，致使地下水垂直排向矿井，加速了地表水向地下水的转化，导致地表基流大幅度减少。大量资料证明，在煤炭开采集中地区河道基本断流。由于矿井排水重新排放到河道部分，因此从河道表面看水量似乎不减，但实际上都是矿井废水，天然基流量很少。例如，在山西省大同市十里河、口泉河，怀仁市小峪河，朔州市七里河，阳泉市桃河，孝义市兑镇河，左权市清漳河、晋城市长河等地均有此类现象。事实说明，煤炭开采是地表水减少的主要原因。

采煤活动使地下水的赋存结构发生改变，导致地下水补给、径流、排泄形式发生改变。采煤过程中形成的导水裂缝带，可能沟通煤层顶板一个含水层或者多个含水层，被直接沟通的含水层地下水通过导水裂缝流入采掘空间，形成了矿井的正常涌水量。在浅部矿区采煤形成导水裂缝带易沟通松散含水层，直接导致该含水层水资源的大量漏失和水位下降。中深部矿区导水裂缝带一般未波及松散类含水层，但大多已沟通松散层下伏的基岩类含水层，导致基岩类裂隙含水层地下水大量漏失，使两含水层间水力梯度增高，层间渗流量增大，同样使松散含水层地下水发生不同程度的漏失，导致水位下降。这样就形成了以采空区为中心的水位降落漏斗，含水层地下水水位下降是采煤对地下水流场影响的最直接的表现形式，因而采掘扰动形成的导水裂缝带导致地下水漏失是影响地下水流场的主要因素。煤炭开采改变了地下水的循环规律，使水质良好的地下水变成了矿井水，经过采煤工作面的污染变成了矿井废水。煤炭开采对水质的影响主要是受了有机物的污染。水化学类型一般为重碳酸钙水、硫酸水、重碳酸钙镁水及硫酸钙镁水，硬度普遍较大。矿井水排入河道后由于河道径流量小，自净能力差，致使河道水质迅速恶化。如大同市矿井排水口主要分布在口泉河和十里河沿岸，当上游煤矿的矿井水排入河道后，又通过采煤形成的裂缝渗入到下游矿井，形成了下游河道出口水质的恶化，严重影响人畜饮水安全和农作物及林草植被正常生长。

煤炭开采形成导水裂缝的同时，在地表形成沉陷，地面沉陷对地下水系统的影响主要存在以下几方面：①地表沉陷对原井田内地形地貌产生影响，易形成周边地表汇水向内部补水；②在浅部矿区采煤沉陷产生地表裂缝可能沟通与井下采空区的水力联系，增加大气降水的入渗系数，间接影响水源勘查区大气降水的补给量；③当松散层地下水埋深较浅时，地表沉陷导致沉陷区地下水位埋深变浅甚至出露在地表形成积水区，进而导致潜水蒸发量增大，从而引起松散层含水层地下水水资源大量蒸发排泄及沉陷区潜水流场发生变化。

2.2.2 矿井水综合利用

国外矿井水处理和利用技术的研究与应用较早，工业发达国家由于水资源丰富，加之其煤炭开采的工艺和方法与我国有一定的差别，矿井水资源化一般不作为主要目的，外排的矿井水普遍采用工艺简单的无害化处理后，直接排入地表水体，以避免地表水体受到污染为最终目标。苏联和美国的煤炭工业居世界领先地位，对矿井水的处理技术及其利用的研究起步较早，成果显著，居世界领先地位。苏联煤炭工业的规模、开采技术及煤炭资源状况与我国相似。苏联煤矿矿井水排放量近 20 亿 t/a，排放量大且污染严重，在矿井水处理及其利用方面的研究起步较早，处于世界领先水平。由于矿井水污染，米乌斯河、克伦卡河等流域的水生动植物一度几乎绝迹。为消除矿井废水对水体和土壤的污染，并合理利用矿井水资源作为生产和生活用水，苏联做的研究工作有：①将矿井水进行简单澄清和消毒后再排入水体；②悬浮物矿井水净化处理后作为洗煤厂和井下防尘等工业用水；③高矿化度矿井水净化和淡化处理后作为生活用水或工业用水。

苏联对悬浮物矿井水的处理主要采用澄清和过滤处理工艺，澄清处理工艺中，大多数处理构筑物属于利用重力沉降原理工作的机械式净水构筑物，即不同类型、尺寸、容量的沉淀池；还有一部分是可进行物理化学反应的净水构筑物（如混凝反应池、澄清池等）。过滤处理工艺中，用的混凝药剂多为硫酸铝和聚丙烯酰胺，个别情况下也可采用氯化铁和石灰。近年来又研制出一种新的阳离子高分子电解质絮凝剂，效果较好。悬浮物矿井水污泥采用干化场、离心机、压滤机 3 种方式脱水，成型固化。北方矿区的矿井水均采用加入高效有机絮凝剂进行混凝、澄清处理，达到该国煤炭工业企业规定的废水极限排放标准后，可直接排放到地表水体。

美国煤矿产生的矿井水大部分呈酸性，对于酸性矿井水的处理，美国等西方国家与我国一样，主要是采用碱性物质中和，再排入地表水体的方法。除采用中和法外，西方一些国家还采取人工湿地等技术处理。同时，在美国也进行过在煤的开采巷道中喷洒有关的药剂，抑制煤中硫氧化杆菌等微生物的生长和繁殖，防止酸性矿井水产生的研究。英国煤矿年排水量 36 亿 m^3，其中 42％用作工业用水，58％排放到地表水系。英国矿井水处理主要解决以下几大问题：①对含悬浮物矿井水进行沉降处理；②对矿井水中铁化合物的去除；③对矿井水中溶解盐的去除，采用化学试剂中和处理以及反渗透、冻结法进行脱盐处理。

日本矿井水除部分用于洗煤外，大部分矿井水经沉淀处理去除悬浮物后排入地表水系。该国矿井水处理采用的技术一般有固液分离技术、中和法、氧化处理、还原法、离子交换法等。20 世纪 80 年代前后，美国和一些欧洲国家先后开展了采用人工湿地处理矿井水的实验研究，取得了一些可喜的成果，目前已经逐步应用于生产，并收到了良好的效果，此法具有投资省、运行费低、易于管理等突出的优点，引起了人们的极大兴趣。世界上不少国家在矿井水的处理和利用方面，进行了广泛的研究和实践，已经取得了许多成果，积累了不少经验，但由于煤矿矿井水成分的复杂性和地域的特点等因素，现有的处理与回用工艺技术还不够完善和成熟，针对不同的水质情况和回用的具体要求，应采用不同的工艺流程。

随着我国煤炭产业技术水平的不断提升，矿井水处理利用技术与装备也经历了近 20 年的高速发展，由最早的简单沉淀处理，到深度处理，到发展成功应用"零排放"技术，我国矿井水处理技术与装备上与发达国家的差距正在缩小，在矿井水产生机理、水质特征、处理工艺和材料研制上进行了大量的研究，并开展了一系列工程示范。但目前我国煤矿矿井水利用率明显偏低，中国工程院院士顾大钊认为，当前我国煤矿矿井水平均利用率约为 35％。应该说，在我国矿井水的利用潜力巨大，前景广阔。中华人民共和国成立前，我国的一些煤矿开始注意矿井水的利用，将井下排水直接用于煤的洗选，或者经过自然沉淀、过滤后用于洗选；中华人民共和国成立后，一些煤矿在井下汲取未受污染的巷道水或井筒淋水以供矿区生活饮用；1960 年以后，我国与英国、日本等国家的交往增加，煤矿开采技术有了新的发展，水处理技术也在提高。近年来，我国各矿井对矿井水的处理，尤其是深度处理方面的工作已逐步展开，环保工作者也在积极研究矿井水处理和合理利用的有效途径。虽然我国有意识的矿井水综合利用起步较晚，利用率也较低，但就目前来说，随着各煤矿水资源的紧张，许多矿区都进行了不同程度的综合利用工作。根据不同的情况，我国矿井水的综合利用现状也不同。第一种情况是矿井水不经处理直接利用，前提条件是矿井水中不含有毒有害元素，或含有少量但不超过外排标准；第二种情况是矿井水经过常规的混凝、沉淀和过滤处理，处理后的矿井水可供工业使用或饮用或外排，前提条件是该水不能含有有毒有害元素，或含量低于国家饮用水标准，pH 值接近中性，含盐量也不高；第三种情况是矿井水必须首先进行特殊处理，才能进行常规处理，进一步处理为工业或饮用水，主要对酸性矿井水的处理，酸性矿井水在我国分布较广，而且酸性矿井水的危害较大，必须经过处理才能排放；第四种情况是高矿化度矿井水的综合利用，只有少数几种工业用水能直接用高矿化度矿井水，在多数的情况下必须经过脱盐处理，脱盐处理之前必须经过常规处理去除大部分除盐之外的污染物，才能进入脱盐设备。由于脱盐设备造价较高，运行费用也高，所以脱盐工序只是在淡水缺乏的矿区得到了应用。

我国煤矿矿井水中普遍含有以煤粉和岩粉为主的悬浮物，以及一些可溶的无机盐类，有机污染物很少，一般不含有毒物质，多数矿井水是中性水，碱性水很少，有一定量的酸性水，可见，我国矿井水水质较好。但我国矿井水利用率不高。随着我国西部煤炭开采规模和产量的逐年提高，高矿化度矿井水和含特殊组分矿井水也在逐年增多，再加上近年来环保政策趋严大幅提高了矿井水外排标准，这些新的形势给我国矿井水处理带来了新的挑战。区域矿井水利用程度发展不平衡是我国矿井水利用的另一大特点，山西、内蒙古等缺水地区利用率达到 35%，河北、安徽、黑龙江、山东、河南、陕西等地区利用率达到 30%，而东南、西南等水资源丰富的地区矿井水利用率只有 25%。此外，社会对矿井涌水资源化的浅薄认识，使得矿井水在资源回收利用工艺、先期设计等方面不够完善，资源再生处理设施运行中出现处理环节效率低下、处理工艺衔接不匹配等问题，最终造成矿井水处理效果不理想。并且矿井水利用牵扯矿山开采以及区域水资源管理部门，在管理层面缺少统一的监督检查，无法宏观管理和调控，影响矿井水利用产业化的发展。

一直以来，矿井水利用停留于污废的处置阶段，利用率较低，大量矿井水作为废水直接排放，不仅白白浪费宝贵的矿井水，而且还对矿区周边水环境生态造成污染和破坏。目前，煤矿生产过程中矿井水利用的主要方向为：①用于矿区工业生产，如煤矿井下生产、喷雾降尘、地面洗煤厂、电厂、煤化工等，尤以耗水量大的煤炭洗选大量利用矿井水；②矿区生态建设、矿区绿化、降尘等；③矿井水经深度净化处理后，达到生活用水标准，用于厂区职工以及有供水要求区域的生活用水，缓解矿区及周边水资源短缺的问题。

2.3　矿井水资源最严格"三条红线"控制的理念

2.3.1　最严格水资源管理制度的概念

最严格水资源管理制度是我国政府基于我国水资源紧缺、水资源开发利用问题严重、水资源管理力度不足、水资源严重制约经济发展的大背景下提出的，以应对我国水资源短缺日益严峻、水资源管理政策滞后等一系列现实问题，是一种通过加强行政措施进行水资源管理的制度体系，更是一个旨在强化水资源综合管理的多项管理制度的总称。2009 年，"最严格水资源管理制度"首次提出，是针对我国国情、水情具体实施的水资源综合管理制度，具有显著的中国特色，在国外鲜有与之相关的报道。最严格水资源管理制度提出时间较短，当下尚未有一个统一概念。目前存在一个较为合理的定义为：最严格水资源管理制度是一种根据区域水资源潜力，按照水资源利用底限制定水资源开发、利用和排放标准，用最严格的行政行为加以管理的行政管理制度，它从根本上讲是通过依法管理水资源，最终实现有限水资源的可持续利用。

2.3.2　最严格水资源管理制度的内涵

最严格水资源管理制度是基于现阶段我国尚未形成结构完整、机制健全的水市场体系，通过政府的宏观调控和水市场的微观调节作用，兼顾公平与效率原则，以二元水循环理论为基础对水资源实施依法管理和可持续管理，旨在提高水资源配置效率的科学管理制度。其内涵主要包括以下方面：

（1）最严格水资源管理制度是一项综合的水资源管理制度，包含管理、经济、法律、教育和科学技术等多种方法和措施。

（2）最严格水资源管理制度的核心内容是"三条红线""四项制度"。"三条红线"是实行最严格水资源管理制度的重要抓手，而"四项制度"为实现"三条红线"管理目标提供了重要支撑。

（3）最严格水资源管理制度是一项复杂的系统工程，需要强化各部门之间的协作，需要全社会的广泛参与。水资源是一种重要的经济资源和社会资源，由于其多用途性，导致水资源与多个部门的利益息息相关，实行最严格水资源管理制度必将使某些部门的利益遭受损失，因此，必须协调好各部门之间的相互关系。

（4）最严格水资源管理制度的实质是通过对水资源量和质的严格约束，形成推动经济发展方式转变、产业结构调整和空间布局优化的机制。

（5）实行最严格水资源管理制度需要兼顾政府与市场，注重两手发力。《中华人民共和国水法》规定，我国水资源归国家所有，国家有权对水资源进行统一调度和配置。然而，由于各地区自然禀赋和用水效率等因素的不同，为确保水资源综合利用效益的最大化，需运用市场调节机制，进行水资源的二次分配，促使水资源由富余地区向短缺地区转移。

最严格水资源管理制度为解决我国日益严峻的水资源问题提供了新的思路。依据全国水资源综合规划、水资源公报及相关统计年鉴等资料，以流域、区域水资源可利用量为上限，综合考虑水资源的开发利用状况、用水效率、产业结构布局和未来发展需求，围绕促进水资源的优化配置、高效利用和有效保护。同时，为保障水资源的可持续利用，最严格水资源管理制度在控制用水总量前提下，提高水功能区水质达标率、水资源开发利用效率并保证水资源优化配置的有效实施，是最终实现水资源可持续利用及各项控制目标的必要条件。与过去水资源管理制度相比，最严格水资源管理制度建立了制度与目标的对应关系，强调了指标量化和检查监督，强化了水资源管理。同时，最严格水资源管理制度把水资源管理工作纳入了政府考核范畴，落实水资源管理责任制，把行业内的工作绩效同政府的责任捆绑起来，突出了水资源管理工作的地位和重要性。

2.3.3 矿井水资源最严格"三条红线"

当前我国的水资源利用表现为水资源不足、水利用率不高、水污染严重以及水生态环境恶化等。可以看出，我国水资源面临的形势非常严峻，各种水资源利用方面的问题都逐渐凸显出来，严重阻碍了社会经济迅速发展前进的步伐，如果不及时采取措施，势必会影响到社会经济的发展。2009 年，时任副总理回良玉就提出我国要实行最严格水资源管理制度，时任水利部部长陈雷也提出要建立水资源管理的"三条红线"的建议，并代表水利部党组对该建议做了全面部署。2011 年，我国要实行最严格水资源管理制度在中央一号文件中被明确提出，并且深入阐述了确立"三条红线"，建立"四项制度"等水资源管理的主要内容和重要要求。2023 年 9 月，国家发展改革委、水利部、住房和城乡建设部等部门联合印发《关于进一步加强水资源节约集约利用的意见》，对全面推进各领域节水、深入推进全流程节水进行系统部署。该意见明确指出，到 2025 年全国年用水总量控制在 6400 亿 m^3 以内，万元国内生产总值用水量较 2020 年下降 16％左右。到 2030 年，节水制度体系、市场调节机制和技术支撑能力不断增强，严格用水总量和强度双控，用水效率和效益进一步提高。最严格水资源管理制度的提出是在党中央、国务院在将我国的基本国情、发展阶段以及水资源的天然条件进行充分考虑之后做出的重大决策，同样该制度的提出也是社会经济可持续发展能够得到保证的必然选择，对我国科学发展有着强大的推动作用以及对中华民族的永续发展有着长远的影响。一方面，由于目前我国水资源面临的问题必须采取一定的措施解决，例如人类对水资源的过度需求导致的缺水问题、由于水资源无度地开发引起的水生态退化问题、污水无节制地排放导致的水环境污染问题等；另一方面，科学划定"三条红线"内涵，能够有效地将经济社会系统对水资源和生态环境系统的影响控制在可承载范围之内，能够有效地促进人与自然和谐，是水资源可持续利用得到保证的首要措施。其中，"三条红线"内容包括水资源开发利用控制红线、水资源用水效率控制红线、水功能区限制纳污控制红线，与水资源在取水、用水和排水 3 个方面的内容一一对应。由此可以知道，"三条红线"不仅是对经济社会系统中取水、用水和排水 3 方面行为的约束，同时也是水资源在配置、节约和保护中的管理目标，因此应根据"三条红线"来严格管理水资源制度，解决水资源使用过程中的各种问题。

　　通过分析"三条红线"之间的关系可以知道，其内容分别对应水资源管理中取水、用水、排水 3 个方面，且三者并不是孤立存在的，而是有一定的关系的，例如在制定水资源利用效率控制红线时，可以对用水量进行直接控制，同时也能够涉及水质，因为提高用水效率也就意味着提高水资源的重复利用率，同时相应的也就减少了废污水的排放量，对水质改善起到积极的作用。矿井水资源最严格"三条红线"控制的水资源配置理念在实践中可从其基本内容出发。

1. 水资源开发利用控制红线

矿区水资源利用包括矿井涌水以及外源补充水，通过矿井吨煤排水系数大小可间接反映区域地下水的开发利用程度，相应地从煤炭-水资源协调开发角度出发，可在建立的水资源配置模型中将矿井吨煤排放系数大小作为模型的约束条件，进而控制因过度开采造成的地下水资源破坏，最终实现矿井涌水、外源补充水资源与煤炭生产的相适应。

2. 水资源用水效率控制红线

矿区是一个包含原煤生产、煤炭洗选、煤化工、原煤发电以及各单位配套单位组成的大型工业聚集区，对水资源的利用消耗，各单位、各环节差别巨大，通过对各单位取水水量资料、退水水量资料的统计，严格控制水资源在各个环节的用水效率，提高水资源的利用效率。

3. 水功能区限制纳污控制红线

水功能区限制纳污控制红线旨在降低矿区排放的污染物对水环境的影响，通过对研究区外排水口水量水质的严格监测，建立水功能区水环境现状与外排物的动态关系，进而控制外排物的排放浓度、外排流量，减少水功能区污染物的输入强度，保证水功能区的自净能力不失调，最终降低研究区生产对水环境的破坏。

2.4 煤炭富集区水资源时空协调的理念

2.4.1 我国煤炭-水资源分布

我国煤炭资源赋存的典型特征是矿床分布广泛、储量丰富，除上海外，其他各省（自治区、直辖市）都赋存有煤炭资源，且区域分布具有极不均衡性。从地理分布上看，我国的煤炭资源总体上受东西向展布的天山-阴山-燕山、昆仑山-秦岭-大别山构造带和南北向展布的大兴安岭-太行山-雪峰山、贺兰山-六盘山-龙门山构造带控制，具有两横两纵划分的呈"井"字形的分布特征。受两横两纵构造带控制，我国形成了9大赋煤区域，总体分布特征是西多东少、北裕南瘠。9大赋煤区域分别为：①东北区，包括黑龙江、吉林、辽宁；②黄淮海区，包括北京、天津、河北、河南、山东、皖北、苏北地区；③东南区，包括皖南、苏南、浙江、江西、湖北、湖南、福建、广东、广西、海南；④蒙东区，内蒙古呼和浩特以东地区；⑤晋陕蒙（西）宁区，包括山西、陕西、陇东、蒙西、宁东地区；⑥西南区，包括贵州、云南、川东、湖北地区；⑦北疆分区，主要为新疆北部地区；⑧南疆—甘青区，包括青海、甘肃河西走廊、新疆南部地区；⑨藏区，包括西藏、川西、滇西地区。

我国煤炭资源赋存的另一个典型特征是煤炭资源与水资源呈逆向分布，有煤的地区缺水，有水的地方缺煤。根据我国煤炭地质总局汇总的各省（自治区、直辖市）（不包括港澳台及上海地区）尚未利用的煤炭资源量和国家统计局公布的水资源总量数据（《中国统计年鉴—2023》）可知，我国水资源分布和煤炭资源分布不相匹配，西藏水资源总量最大，其次为广东、四川和广西，而煤炭资源则主要分布在内蒙古、新疆、山西和陕西。可以看出，我国水资源东多西少、南裕北瘠，与煤炭资源西多东少、北裕南瘠的分布格局呈明显的逆向分布。

我国重点建设了蒙东（东北）、鲁西、两淮、河南、冀中、神东、晋北、晋东、晋中、陕北、黄陇（华亭）、宁东、云贵、新疆等 14 个大型亿吨级煤炭基地（102 个矿区）。2015 年我国煤炭产量 37.5 亿 t，其中 14 个大型煤炭基地产量 35 亿 t，约占全国总产量的 93.3%，到 2020 年，大型煤炭基地煤炭产量已占全国总产量的 96.6%，并且还在逐渐攀升中。然而，我国大型煤炭基地主要处于水资源供需矛盾较为突出的地区，除两淮、蒙东（东北）和云贵基地的一些矿区水资源总量相对较多外，其余 11 个煤炭基地均严重缺水，尤其是位于"井"字形中心的晋陕蒙（西）宁区，煤炭资源最为富集，原煤产量超过全国总产量的 60%，受地理位置、气候、地形及地貌的影响，这一区域水资源占有量仅为全国总量的 4.8%，其中，宁夏、山西属于极度缺水地区，陕西属于重度缺水地区，有 7 个基地的煤炭工业发展规模及煤炭资源加工转化受到水资源制约。

水资源的有效保护是指在现代开采技术、煤炭资源赋存与开采条件、安全保障的约束下，通过科学布局规划建立面向水资源保护的煤炭资源开采系统工程和开采流程，实现最大限度地保护水资源的目标。例如，神东矿区地处我国西北内陆干旱地区，水资源贫乏，生态环境十分脆弱，主要水源包括了地表水、第四系松散层水、基岩裂隙潜水、基岩裂隙承压水和烧变岩孔洞水。该区地下水主要来源于大气降水，而大气降水量仅 108～819mm，多年平均降水量

358.8mm (1985—2023 年)，由于地形地貌的原因，降水大部分形成地表径流而流失，渗入岩土层的不足 15%，且区内多年平均蒸发量高达 2221.6mm，导致严重缺水。区内第四系风积沙和冲积砂潜水含水层是宝贵的水资源。据统计，矿区水资源总量约 4.95 亿 m^3，扣除潜水蒸发量和重复用水量，实际可开发水资源量为 3.22 亿 m^3。1986 年矿区开发后的第三年用水量仅为 2360 万 m^3，2000 年用水量达 5000 万 m^3，比 1986 年翻了一番，2010 年用水量超过 1 亿 m^3，甚至导致神东矿区周边"窟野河"出现断流情况。尽管有大气降水不断补充，但煤炭资源加速开采势必会打破自然形成的环境平衡体系，引起水资源流失问题，导致水资源缺乏的环境失衡现象。

2.4.2　我国煤炭富集区煤炭–水资源研究

在煤炭开采过程中，为确保井下煤矿的安全生产，煤层地下水被当作水害疏干，造成大量水资源的浪费。与此同时，由于水资源与煤炭资源的分布不均，我国富煤地区水资源相对短缺，因此需要对煤矿水资源进行研究，以此来平衡矿井排水和新鲜水的利用。

关于煤矿水资源的研究可以归纳为两方面。一方面是关于水资源量的研究，采矿首先会对区域土地利用结构产生影响，进而造成区域水资源减少，可以应用生态水文模型对采矿区前后区域不同土地利用情况下的水资源进行分析，指导水资源调控，同时在矿区实施节水策略，最大程度降低区域的缺水程度，缓解区域居民用水矛盾。针对煤炭开采过程中使用水资源量的情况，不少学者运用全生命周期理论，建立能源生产水足迹评价模型，对该行业水足迹进行了计算和分析，认为煤炭开采和洗选所需总水足迹为 $0.19 m^3/GJ$，也有学者估算我国 14 个大型煤炭基地的生产用水和新增用水。另一方面是对于矿井水的资源化利用，部分学者构建矿井水利用模型，有基于 TOPSIS 评价模型的双向协调矿井水供需评价模型，也有在矿井水害防治方面提出的"排、供、环保"——"三位一体"模式，在矿井水资源化利用方面提出的"控制、处理、利用、回灌与生态环保"——"五位一体"矿井水资源化方式，还有系统性角度的矿井水生态化利用体系和评价模型。我国矿井水利用的相关研究主要集中在技术层面，缺乏对于矿井水管理的系统研究，尹良凯等提出了相关对策建议。

煤炭富集区水资源时空分布不协调主要表现在：

（1）煤炭富集条件下生产单位空间分布不协调。①露天开采揭露煤层上覆地层，对地表的破坏程度要远远大于井工开采带来的破坏强度，与此同时，用于原煤生产的洗选工业及其配套的地面设施往往根据区域地形地貌的特点集中建设在地势平坦的区域，因此，对于露天矿井地面设施的位置布局较井工开采有很大的局限；②一般地，用于矿区生产的外部水源往往不要煤炭采掘影响的地下水水源地，或选取有一定流量的地表水体，特殊的要求使得这些水源分布位置较矿区皆有一定的距离，水源与矿区生产单位空间位置的不协调增加了供水难度与供水成本。

（2）生产单位的生产计划时间不协调。矿区原煤生产、原煤洗选、电厂发电供暖期的变化，各单位年内生产计划变化较大，且受季节气温等自然环境的影响，用于区域的降尘、绿化等用水将大幅降低，相应地对水资源的需求量随时间也是一个变值；此外，用于区域供水的外源水源受其补给源年内的波动变化，使得供水量也是变化的。

2.5　矿井水资源动态优化调控配置理念

2.5.1　水资源动态优化调控理论

水资源优化配置的定义，一般认为是在特定的区域范围内，在遵循一定的原则下，通过采取一些工程的或非工程的举措，按照市场的经济规律和资源配置准则，借助合理抑制需求、保障供给、维护以及改善生态环境等途径或举措，对各种可利用水源在研究区间和各用水户之间进行调配。水资源优化配置是一个涉及多方面的复杂的大系统，涉及人口同水资源、环境同水资源、社会经济发展同水资源等多方面。水资源优化配置不仅要提高水资源的分配效率，将各部门、各行业之间的水资源供需冲突问题合理解决，而且要改善水资源的利用效率，以促进各部门、各行业内部高效用水，其实质就是将水资源的综合配置效率提高，这样可以为实现真正意义上的可持续发展提供前提和保证。优化配置的基本任务为：在一定条件下，得到多种符合要求的水资源配置规划方案，并通过这些方案解决经济发展与环境保护二者在用水方面的各种矛盾。优化配置的目标为：尽量消除水资源在区域各部门的近期和远期不断发展中的供需冲突问题，在开发利用中，无论是在不同的时间范围内还是在不同的空间范围内，都能够保证实现有限的水资源、生态环境、社会经济发展三方面整体效益的协调可持续发展这个大目标，也就是说尽最大努力，用各种方法实现水资源利用与生态环境、社会经济发展几方面的可持续协调发展。

我国水资源优化分配研究最早开始于中国水利水电科学研究院（以下简称"中国水科院"）20 世纪 60 年代开展的发电水库优化调度模式研究，以及 20 世纪 80 年代初水利部南京水文水资源研究所基于系统工程理论进行对北京地区水资源开发利用分析。但此时的研究多侧重于系统分析理论的实际运用。在"八五"技术攻关的相关研究区中，中国水科院首次系统地给出了水资源配置的目标、方法、数学模型，构建了我国水资源优化配置模型的原型。与国际水资源配置研究相比，我国在该方面的研究起步较迟，但发展迅速。经过多年的发展，我国水资源配置领域有了长足发展，经历了从单目标到多目标、从"以需定供"到"以供定需"以及基于可持续利用的水资源配置的过程。根据空间尺度，水资源配置可以分为以流域、区域和城市为研究对象的水资源配置。

水资源的动态配置是由于实际生产实践过程中，供水单位、需水单位、水行政单位控制下水资源量的差异变化造成的配置方案的调整。在所建立的水资源配置模型中，往往通过设定供水（需水）部门的数量以及逐个供水（需水）部门的最大（最小）水量作为模型运行边界达到不同目标下水资源动态优化配置的目的。一定区域内的水资源优化配置同时受供水水源供水能力以及用水部分需水量的影响，二者相互制约相互联系，当用水部门有需水要求时，供水水源也应有满足需水要求的供水能力，即二者能够彼此满足时，此水源才能向此用户供水，建立起供求关系。

2.5.2 矿井水资源动态优化调控理论

一般来说，水资源优化配置的对象大多是传统意义上的常规水资源，例如地表水、地下水和外调水等。而随着水处理技术的飞速发展，非常规水源利用潜力越来越大，2011 年中央一号文件《中共中央 国务院关于加强水利改革发展的决定》和《国务院关于实行最严格水资源管理制度的意见》（国发〔2012〕3 号）明确指出要加大非常规水源的开发利用力度，加紧对非常规水资源的利用技术的研究。开发利用非常规水可以增加区域供水量，一定程度地缓解地区供需矛盾；同时具有减少排污、提高水资源利用率的作用，合理地开发利用非常规水源是促进地区社会经济发展的重要举措之一。

乌审旗用水主要依赖于常规水源，根据 2021 年鄂尔多斯市水资源公报数据，乌审旗 2021 年地表水、地下水供水量占总供水量的 84.9%，其中地下水供水量占总供水量的 72.1%，地下水供应量的高占比将对区域水资源保护及生态平衡产生不利影响。煤炭资源的大规模开发，使得地区矿井水较为丰富，但由于矿井涌水量不稳定、水处理成本高等因素，在 2021 年供水总量中矿井水供水量占比仅为 12.1%，矿井水资源在工业用水、生态用水方面综合利用率较低。

矿井水的产生经大气降水、渗漏地下变为地下水，随着煤炭的开采变为矿井水，然后经过决策者的调配分配给各用水部门，同时水资源的开发利用也影响着煤炭开采进程。在这一循环过程中，无论哪一环节的改变都会影响矿井水的质量。因此，矿井水资源动态优化调控理论可定义为：一定区域范围内，适应变化环境条件时，在遵循一定原则下，通过采取一些工程或非工程措施，按照资源配置原则和经济社会发展规律，能够保障各用户水资源需求，维护生态环境健康，对矿井水资源在研究区或跨研究区和各用户之间进行调配。

通过对矿井水资源的调配，考虑非常规水利用的效益-补偿机制，明确非常规水资源与常规水资源协同调配原则，为多水源联合调配提供依据。

2.5.3　煤炭-水资源高效配置影响因素

在水资源配置过程中，由于矿井水产量存在波动，因而供水效益、成本效益和用户需水量等参数具有不确定性，难以精确获取。为解决上述问题，不确定性优化技术已逐渐应用于水资源优化配置中。已有学者提出了不确定性模糊机会约束规划的理论框架，当多参数不确定性和随机干扰同时存在时，建立了带有区间数和模糊数的扩展 MSP 模型。目前，不确定性模型已在城市水系统分配、灌区农业水系统管理等方面得到了很好的应用。因为煤矿开采和矿井排水严重影响煤矿区的水资源供给，所以煤矿区水资源利用及管理与城市、灌区等其他场景相比进一步增加了资源配置过程的不确定性。考虑到矿区水资源配置过程中不确定性因素的影响，为获取最优方案，结果可能不满足约束条件。而机会约束规划通过建立约束的可能性不小于某些置信水平，可应用于矿区水资源配置方案的决策中。

目前煤炭-水资源高效配置影响因素主要包括以下几点：

（1）矿井水处理技术不适应。尽管矿井水长年大量排放，但矿井水的回收利用工艺针对性不强，前期的设计单位缺乏对矿井水水质了解，矿井水处理站设计参数多直接参照城市供水的设计参数，导致矿井水处理站的出水达不到利用要求。

（2）适用的技术规范缺失。相应的矿井水利用技术和管理国家标准缺少是导致煤矿水资源无法高效配置的又一影响因素，对矿井水利用程度缺少明确的规范，生产过程的监督较为匮乏。

（3）矿井水综合管理不足。现行的大多煤矿矿井水处理模式都是单一处理站处理厂区多种废水，同一管道向多个用水部门供给，出水水质要满足用水部门中水质要求最高的，但对于水质要求一般的部门，这样会造成经济和资源的浪费。

第3章 矿区资源开发供需特征研究

3.1 毛乌素沙地自然环境概况

3.1.1 地理位置

毛乌素沙地是我国四大沙地之一，位于陕西省榆林地区和内蒙古自治区鄂尔多斯市之间，面积达 4.22 万 km^2，位于北纬 37°27.5′～39°22.5′，东经 107°20′～111°30′，包括内蒙古自治区的鄂尔多斯南部、陕西省榆林市的北部风沙区和宁夏回族自治区盐池县东北部。原是畜牧业比较发达地区，降水较多，有利植物生长，固定和半固定沙丘的面积较大。万里长城从东到西穿过沙漠南缘。海拔多为 1100.00～1300.00m，西北部稍高，达 1400.00～1500.00m，个别地区可达 1600.00m 左右。东南部河谷低至 950.00m。出露于沙区外围和伸入沙区境内的梁地主要是白垩纪红色和灰色砂岩，岩层基本水平，梁地大部分顶面平坦。各种第四系沉积物均具明显沙性，松散沙层经风力搬运，形成易动流沙。毛乌素沙地地理位置示意图如图 3-1 所示。

3.1.2 地形地貌

毛乌素沙地地势自西北向东南倾斜，区域性地表分水岭"东胜梁"的南侧，为毛乌素沙漠的东北边缘地带。区内地形总体趋势是北高南低，在此基础上又表现为西高东低。地貌类型按成分可以分为构造剥蚀地形、堆积地形、风积地形、黄土地形、河成地形五类；按形态可以分为波状高原、梁地、内陆湖淖、滩地（冲积湖积平原）、流动与半流动沙丘、固定沙地、黄土梁和河谷地共八种地类；沙漠、滩地、梁地呈西北—东南条带状分布。毛乌素沙地属高原半沙漠地貌特征，大部分地区被第四系风积沙覆盖，多为新月形或波状沙丘，没有基岩出露。区内植被稀疏，为半荒漠地区。

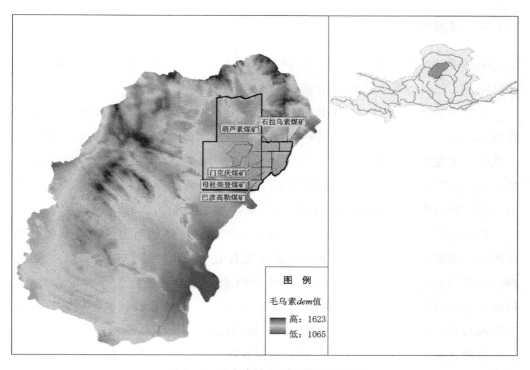

图 3-1　毛乌素沙地地理位置示意图

3.1.3　水文气象

毛乌素沙地属于温带高原大陆性气候，太阳辐射较为强烈，日照丰富，干旱少雨，风大沙多，无霜期短。冬季漫长寒冷，夏季炎热而短暂。春季回暖升温快，秋季气温下降显著。全年日照 2800～3000h，大于等于 10℃，有效积温 2800～3000℃，当地最高气温为＋36.6℃，最低气温为－27.9℃，年平均气温 8.7℃，冻结期一般从 10 月开始至次年 4 月，最大冻土深度为 1.71m。多年平均降水量为 358.8mm，由于鄂尔多斯高原及大青山阻挡东南来的湿润气流北进，降水地域分布差异较大，总体由东南向西北递减。降水量年际变化大，由于受东南季风的影响，降水量年内分配不均，主要集中在 6—8 月，占全年降水量的 60%～70%。在海拔、气温、太阳辐射共同影响下，多年平均蒸发量为 2221.6mm，且集中于 5—7 月，占全年蒸发量的 40%～50%。综合来看，区域蒸发量维持在其降水量的 3～14 倍，地区蒸发强烈，特殊的气候背景是使得区域生态环境脆弱的重要因素。

3.1.4　河流水系

毛乌素沙地内地表水体有无定河及白河上游河段等水体，以及河间湖淖，如巴汗淖、巴音淖等，大部分为咸水湖，矿化度较高。

无定河发源于定边县白干山北麓。无定河是黄河的一级支流，全长达491km，流经定边、鄂前旗、乌审旗、靖边、米脂、绥德和清涧区域，最终注入黄河。无定河多年平均流量 15.3 亿 m^3，占黄河流域多年平均流量 628 亿 m^3的 2.4%，流域面积占黄河流域面积的 4.2%，因此该河的径流量是较为贫乏的。乌审旗境内控制流域面积 1232.1 km^2，境内长 80km。

白河发源于乌审旗乌兰陶勒盖镇东部，由东、西 2 条沟组成，流域属沙地草原区，植被稀少。白河上由北向南依次建有七一水库、跃进水库及河口水库。河口水库控制流域面积为 1400 km^2，其中约 2/3 的流域面积位于内蒙古境内，坝址以上河道长度为 60km，河道比降为 2.89‰。七一水库位于白河东沟，距下游河口水库约 14.5km，控制流域面积为 700 km^2。

巴嘎诺尔，又名巴彦淖，属于黄河流域鄂尔多斯闭流区，位于乌审旗图克苏木，水面面积 6.15 km^2，水面高程 1290.00m，属苦咸水。湖水的主要补给来源为湖滨渗流，因地表水形成有限，加之蒸发强烈，湖泊水量少。

3.1.5　区域地质与水文地质特征

3.1.5.1　区域地层

毛乌素沙地地层由老至新发育有：三叠系上统延长组（T_3y）、中统二马营组（T_2er）；侏罗系中统安定组（J_2a）和直罗组（J_2z）、中下统延安组（$J_{1-2}y$）、下统富县组（J_1f）；白垩系下统志丹群东胜组（K_1zh^2）和伊金霍洛组（K_1zh^1）；第三系上新统（N_2）；第四系全新统（Q_4）和上更新统萨拉乌素组（Q_3s）。

3.1.5.2　区域构造

毛乌素沙地在构造单元上属于鄂尔多斯盆地的一部分。鄂尔多斯盆地是我国第二大沉积盆地，自中生代早期开始，鄂尔多斯的地块持续性沉降，湖盆和河流地貌广泛发育。新生代以来鄂尔多斯盆地逐渐抬升为高原，到了第四纪时期，由于受到青藏高原不断隆升的影响，加上季风作用的加强，中国北方干旱化趋势加剧。到了第四纪中晚期，毛乌素沙地基本上形成了今天这种干旱荒漠草原的地貌景观。从大地构造发展史来看，燕山初期（早侏罗世）东胜隆起区处于相对的隆起状态，沉积间断，除东南边缘外，普遍缺失这一时期的下统富县组（J_1f）沉积，形成了中下统延安组（$J_{1-2}y$）与下伏地层上统延长组（T_3y）之间的平行不整合接触关系。燕山早期（早、中侏罗世）、中期（晚侏罗世）盆地稳定发展，沉积了侏罗系中下统延安组（$J_{1-2}y$）、侏罗系中统（J_2）。至燕山期末（白垩纪），盆地整体开始抬升、萎缩。喜山期（白垩纪末），盆地最终消失，由接受沉积转而遭受剥蚀，形成了第四系松散层（Q）与下伏地层白垩系下统志丹群（K_1zh）的不整合接触关系。

毛乌素沙地区域构造图如图 3-2 所示。

3.1.5.3　区域水文地质条件

1. 含水层及隔水层水文地质特征

（1）第四系松散层（Q）潜水含水层。该含水层又可细分为以下几类：

1）全新统风积砂层孔隙潜水含水层（Q_4eol）。岩性为灰黄色、黄褐色中细砂、粉细砂，结构松散，沉积厚度一般小于 50m，遍布全区。根据水文地质普查报告成果可知，地下水位埋深为 0.50～3.00m，单位涌水量 $q=0.25～1.00L/(s \cdot m)$，溶解性总固体小于 1000mg/L，地下水化学类型为 HCO_3—$Ca \cdot Na$ 及 HCO_3—$Na \cdot Ca$ 型水。因此，含水层的富水性中等，透水性能良好，地下水水质良好。该含水层为矿床的间接充水含水层。

2）上更新统萨拉乌素组孔隙潜水含水层（Q_3s）。岩性为黄色、灰黄色、灰绿色粉细砂，类黄土状亚砂土，含钙质结核，疏松，具水平层理和斜层理，全区赋存，厚度一般为 50～70m，最厚处 120m。含水层的富水性强，透水性能良好。因大气降水量较少，补给条件较差，补给量一般不大，但雨季补给量会明显增大。潜水含水层与大气降水及地表水体的水力联系非常密切，与下伏承压水含水层水力联系较小。该含水层为矿床的间接充水含水层。

（2）白垩系下统志丹群（K_1zh）孔隙潜水～承压水含水层。岩性为各种粒级的砂岩、含砾粗粒砂岩夹砂质泥岩，在区内没有出露，地层平均厚度为238.49m。地下水化学类型为 HCO_3—$Ca \cdot Mg$ 型水，水质较好。含水层的富水性弱。由于此含水层没有较好的隔水层，所以与上、下部含水层均有一定的水力联系。该含水层为矿床的间接充水含水层。

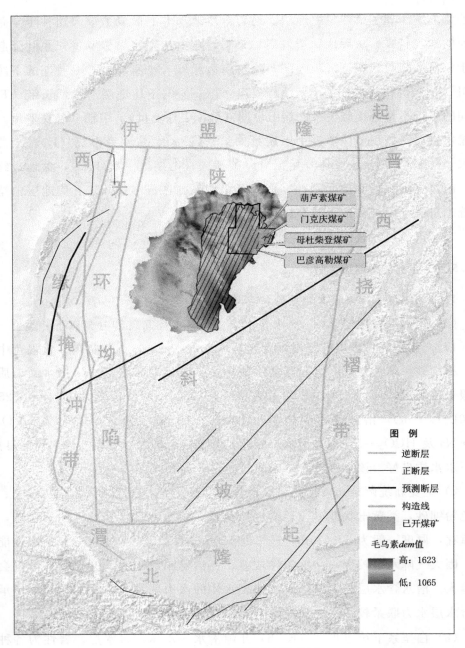

图 3-2 毛乌素沙地区域构造图

（3）侏罗系中统（J_2）碎屑岩类承压水含水层。岩性下部 J_2z 为灰绿色、青灰色、黄绿色中粗粒砂岩、粉砂岩及砂质泥岩，上部 J_2a 为暗紫红色、灰绿色中粗粒砂岩、砂质泥岩夹粉砂岩及细粒砂岩，分布广泛。地表在区内没有出露。

含水层的富水性弱，透水性与导水性能差。地下水的径流条件差。含水层与上部潜水含水层有一定水力联系，与下部承压水含水层的水力联系较小。该含水层为矿床的间接充水含水层。

（4）侏罗系中下统延安组顶部隔水层。该隔水层位于 2 煤组顶板以上，岩性主要由灰色泥岩、砂质泥岩等组成，隔水层平均厚度为 43.13m。隔水层的厚度较稳定，分布较为连续，隔水性能良好。

（5）侏罗系中下统延安组（$J_{1-2}y$）碎屑岩类承压水含水层。岩性主要为浅灰色、灰白色各粒级砂岩，以及灰色、深灰色砂质泥岩、泥岩及煤层，全区赋存，分布广泛，地表没有出露。根据钻孔抽水试验成果可知，含水层平均厚度为 83.76m。含水层的富水性弱，透水性与导水性能差，地下水的补给条件与径流条件均较差。含水层与上伏潜水含水层及大气降水的水力联系均较小。该含水层为矿床的直接充水含水层和主要充水含水层。

（6）侏罗系中下统延安组（$J_{1-2}y$）底部隔水层。该隔水层位于 6 煤组底部，岩性以深灰色砂质泥岩为主，隔水层平均厚度为 8.64m。该隔水层分布较连续，隔水性能良好。

（7）三叠系上统延长组（T_3y）碎屑岩类承压水含水层。岩性主要为灰绿色中粗粒砂岩、含砾粗粒砂岩，夹细粒砂岩及砂质泥岩。钻孔揭露厚度不全，最大揭露厚度 34.37m。含水层的富水性弱，透水性能差，与上部含水层的水力联系较小。该含水层为矿床的间接充水含水层。

2. 地下水水文地质特征

（1）潜水。潜水主要赋存于第四系上更新统冲湖积（萨拉乌素组 Q_3s）砂层中，区内第四系地层广泛分布。潜水的主要补给来源为大气降水，其次为区外潜水的侧向径流补给以及深部承压水的越流补给。本区大气降水量较小，但是比较集中，因此，雨季潜水的补给量会明显增大。潜水一般沿南及东南方向径流，潜水的排泄方式为径流排泄、人工挖井开采排泄、蒸发排泄，泉水排泄等。区内潜水由北向南流出区外。

（2）承压水。承压水主要赋存于白垩系下统志丹群（K_1zh）、侏罗系中统安定组（J_2a）及直罗组（J_2z），以及侏罗系中下统延安组（$J_{1-2}y$）砂岩中。基岩在地表没有出露，因此承压水的主要补给来源为区外承压水的侧向径流补给，其次为上部潜水的垂直渗入补给，在区外出露处也接受大气降水的渗入补给。

承压水与潜水在不同地段可形成互补关系。承压水一般沿地层走向径流。承压水以侧向径流排泄为主，其次为人工打井开采排泄。承压水一般沿南及东南方向流出区外。

3.2　呼吉尔特矿区地质与水文地质特征

3.2.1　地质条件

3.2.1.1　矿区地质条件

根据区域地层及结合钻探成果对比分析，矿区内地层由老至新发育有三叠系上统延长组（T_3y）、侏罗系中统延安组（J_2y）、侏罗系中统直罗组（J_2z）、侏罗系中统安定组（J_2a）、白垩系下统志丹群（K_1zh）和第四系全新统（Q_4）。

（1）三叠系上统延长组（T_3y）。该组为煤系地层的沉积基底，矿区内未出露，矿区勘探钻孔也未揭露该地层。岩性为一套灰绿色中～细粒砂岩，局部含砾，其顶部在个别地段发育有一层薄层杂色砂质泥岩。砂岩成分以石英、长石为主，含有暗色矿物。普遍发育大型板状、槽状交错层理，是典型的曲流河沉积体系沉积物。

（2）侏罗系中统延安组（J_2y）。该组为矿区内的含煤地层，在各井田范围内无出露。根据钻探地层资料，地层平均厚度为 277.56m。总体上，在井田的中西部地层厚度较大，东南部厚度变小。岩性主要由一套浅灰、灰白色各粒级的砂岩，以及灰色、深灰色砂质泥岩、泥岩和煤层组成，发育有水平纹理及波状层理，与三叠系上统延长组（T_3y）呈平行不整合接触。其中门克庆、葫芦素、母杜柴登井田均含 2、3、4、5、6 共 5 个煤组，巴彦高勒井田含 2、3、4、5 共 4 个煤组。

该组根据岩性由下至上分为以下几段：

1）下段（J_2y^1）。下段位于延安组下部，从延安组底界至 5-1 煤层顶板。勘查钻孔未完全揭穿此地层。地层平均厚度为 74.54m。岩性下部为灰白色中粗粒石英砂岩，局部含细砾，砂岩成分以石英为主，分选性好，具大型交错层理；中上部为灰白色细粒砂岩、粉砂岩及深灰色砂质泥岩、泥岩互层，具水平纹理及平行层理。

2）中段（J_2y^2）。中段位于延安组中部，从 5 - 1 煤层顶板至 3 - 1 煤层顶板，地层平均厚度为 112.93m。岩性以灰白色中、细粒砂岩以及深灰～灰黑色砂质泥岩、泥岩为主，砂岩成分以石英、长石为主，富含岩屑。砂质泥岩及泥岩中含有大量的植物化石，且多为不完整的植物茎叶部化石。

3）上段（J_2y^3）。上段位于延安组上部，从 3 - 1 煤层顶板至延安组顶界，地层平均厚度为 86.00m。

（3）侏罗系中统直罗组（J_2z）。该组为含煤地层的直接上覆地层，地表无出露，地层平均厚度为 297.86m。总体上，在井田的东南部地层厚度较大，在西北部厚度变小。岩性下部为浅绿、青灰色中、粗粒砂岩，局部夹粉砂岩、砂质泥岩；上部岩性主要为绿色、杂色砂质泥岩、泥岩与粉砂岩互层夹中砂岩。根据钻探取芯结果可知，该层岩石结构致密。该组与下伏延安组（J_2y）呈平行不整合接触。

（4）侏罗系中统安定组（J_2a）。该组地表无出露，地层平均厚度为 74.66m。地层总体表现为中部及西南厚，其他地方薄。岩性上部为暗紫红色、紫褐色、灰绿色砂质泥岩，夹薄层灰绿色、杂色粉、细砂岩；下部为灰绿色、紫褐色中、粗粒砂岩，局部夹粉砂岩、砂质泥岩。根据钻探取芯结果可知，该层岩石颗粒较细，结构致密，泥质成分偏高。该组与下伏直罗组（J_2z）呈整合接触。

（5）白垩系下统志丹群（K_1zh）。该组地表无出露，地层平均厚度为 285.57m。岩性上部以紫红色中、细粒砂岩及粗粒砂岩为主；下部为深红色粉砂岩、砂质泥岩夹细粒砂岩、泥岩，具大型斜层理和交错层理。根据钻探取芯结果可知，该层岩芯破碎、结构疏松，裂隙孔隙发育。该组与下伏安定组（J_2a）呈不整合接触。

（6）第四系全新统（Q_4）。该地层主要为风积砂（Q_4eol），广泛分布于井田内。岩性以风积砂、细砂为主，见半月形或波状砂丘，地层平均厚度为 75.68m。

3.2.1.2 矿区构造

矿区构造形态与区域含煤地层构造形态基本一致。其构造形态总体为一向西倾斜的单斜构造，倾向 270°～320°，地层倾角 1°～3°。从各可采煤层底板等高线上看，等高线形态在浅部（东部）有一定的变化，但变化不大，沿煤层走向方向大致呈 S 形，但起伏角很小。在井田东部发育的次一级的波状起伏，其波峰、波谷宽缓。井田内未发现断层和陷落柱构造，也无岩浆岩侵入。井田构造复杂程度属简单类型。

3.2.2　水文地质条件

3.2.2.1　主要含水层水文地质特征

根据含水介质、空隙类型、富水性以及含水特征等，将矿区内主要含水层自上而下分为：①松散岩类孔隙潜水含水层；②碎屑岩类孔隙、裂隙承压水含水层。

（1）松散岩类孔隙潜水含水层。该含水层广布矿区，覆盖于下伏白垩系志丹群之上，即与基岩直接接触。据钻探揭露，井田区第四系全新统（Q_4）地层沉积厚度为 23.20～121.58m，仅局部地段在其底部见厚度较薄的砂质黏土，因此该含水层与其下伏白垩系志丹群之间没有稳定的隔水层。含水层岩性以粉细砂、中细砂为主，成分较纯，微含少量泥质，结构疏松，孔隙发育，为大气降水入渗及地表水的间歇性渗漏补给创造了有利条件，即有利于孔隙水的补给、贮存与聚集。因此该含水层地下水的补、蓄条件良好，赋存有较丰富的孔隙潜水。

根据矿区第四系抽水孔抽水试验资料可知，水位埋深为 1.22～6.65m，钻孔涌水量为 442.34～2525.96m³/d，单位涌水量为 0.25～1.00L/(s·m)，渗透系数为 0.8268～16.62m/d，含水层富水性极强。

（2）碎屑岩类孔隙、裂隙承压水含水层。该含水层又可细分为以下几类：

1）白垩系下统志丹群（K_1zh）孔隙、裂隙承压水含水层。该含水层在井田区无出露，普遍隐伏于第四系松散层之下。层位较为稳定、连续，其底板埋深326.50～460.95m。据区域资料，志丹群下部地层为河流相沉积，岩石胶结程度与上部相比较差，因此结构相对疏松，裂隙、孔隙亦较发育。从地层组合结构看，地层岩性虽为泥岩、砂质泥岩、粉砂岩及中粗砂岩等含水层、隔水层相互叠置结构，但据隔水层统计，井田区志丹群地层平均厚度约 347.67m，其中隔水层的平均累计厚度约 21.61m，仅占地层总厚度的 6.22％，加之地层结构较为松散，这就为井田外局部裸露区大气降水入渗及地表水的间歇性渗漏补给、邻区含水层中地下水侧向径流补给以及上覆第四系松散层孔隙水下渗越流补给创造了有利条件。

根据矿区第四系抽水孔抽水试验资料可知，水位为 1269.22～1317.63m，单位涌水量为 0.0764～0.5829L/(s·m)，渗透系数为 0.0239～0.3603m/d，pH 值为 7.3～7.7，地下水化学类型为 HCO_3—Na·Ca 型，水质较好，含水层的富水性中等。

2）侏罗系安定组（J_2a）裂隙承压水含水层。该含水层隐伏于白垩系志丹群之下，其顶界平均埋深 390.41m，属中深埋区。地层分布较为连续、稳定，是由一套砂质泥岩、泥岩、粉砂岩与中细粒砂岩等互层组成。其中，含水层是以其碎屑岩中的细粒砂岩及局部所夹薄层中粒砂岩为主，砂质结构，块状构造，矿物成分以石英、长石为主，含量约占 80%，次为泥质。据钻探岩芯鉴定并结合测井解释资料分析，安定组是以泥质岩即隔水层为主，含水层约占地层总厚度的 33.58%，在含水层段局部岩石较为破碎，一般较为完整，因岩石颗粒较细，结构致密，泥质成分偏高，因此裂隙发育程度一般较差，且多泥砂质充填，胶结程度较好，裂隙的开启程度相对不佳，连通性不好，从总体上看，反映为弱含水层的发育特征。

据井田区钻孔抽水试验资料可知，含水层厚度为 25.12～29.99m，水位标高为 1264.04～1265.99m，单位涌水量为 0.020～0.024L/(s·m)，渗透系数为 0.0865～0.0879m/d，pH 值为 7.7～8.2，地下水化学类型为 SO_4—Na 型，水质较好。

3）侏罗系中统直罗组（J_2z）碎屑岩类承压水含水层。岩性为灰绿色、青灰色、黄绿色中粗粒砂岩，以及粉砂岩及砂质泥岩。地层厚度为 71.12～238.36m，平均厚度为 161.23m。根据钻孔抽水试验成果可知，含水层厚度为 54.73～68.78m，水位标高为 1264.64～1267.08m，单位涌水量为 0.00659～0.0538L/(s·m)，渗透系数为 0.0168～0.0776m/d，pH 值为 8.5～10.4，地下水化学类型为 SO_4—Na 型，水质较好。

含水层的富水性弱，透水性与导水性能差，地下水的径流条件差。由于开采 3-1 煤层时，导水裂隙带高度已进入 J_2z 地层。因此，该含水层为矿床的直接充水含水层。

4）侏罗系中下统延安组（$J_{1-2}y$）碎屑岩类承压水含水层。岩性主要为浅灰色、灰白色各粒级砂岩，以及灰色、深灰色砂质泥岩、泥岩及煤层。地层厚度为 208.67～312.28m，平均厚度为 263.07m。根据钻孔抽水试验成果可知，含水层厚度为 81.50～198.60m，水位标高为 1177.54～1273.68m，单位涌水量为 0.0051～0.0508L/(s·m)，渗透系数为 0.0045～0.0232m/d，pH 值为 6.9～8.5，地下水化学类型为 SO_4—Na 型，水质较好。

5）三叠系上统延长组（T_3y）碎屑岩类承压水含水层。岩性主要为灰绿色中粗粒砂岩、含砾粗粒砂岩，夹细粒砂岩及砂质泥岩。钻孔最大揭露厚度为 48.33m。根据钻孔抽水试验成果可知，地下水位标高为 1204.15～1365.70m，单位涌水量为 0.00055～0.00467L/(s·m)，渗透系数为 0.00006517～0.00586m/d。pH 值为 7.4，地下水化学类型为 Cl·HCO_3—Na 型。该含水层的富水性弱，透水性能差，与上部含水层的水力联系较小。

3.2.2.2　主要隔水层水文地质特征

（1）第四系（Q）底部及白垩系（K）顶部隔水层。岩性以浅灰色钙质、砂质泥岩为主，隔水层平均厚度为 9.00m。该隔水层分布较连续，隔水性能良好。

（2）侏罗系中统安定组（J_2a）底部及直罗组（J_2z）顶部隔水层。直罗组顶部存在一个较稳定的隔水层岩性主要为砂质泥岩、泥岩、泥质粉砂岩，隔水层平均厚度为 20.62m。安定组底部有一层较厚的隔水层，岩性主要为砂质泥岩，隔水层平均厚度为 23.33m。安定组底部及直罗组顶部隔水层主要以砂质泥岩为主，厚度较厚，且分布连续，隔水性能较好，可有效地阻隔上部含水层水对直罗组及煤系含水层的补给。

（3）侏罗系中统直罗组（J_2z）底部及中下统延安组（$J_{1-2}y$）顶部隔水层。延安组顶部隔水层位于 2 煤组顶板以上，岩性主要由泥岩、砂质泥岩等组成，隔水层平均厚度为 30.91m。隔水层的厚度较稳定，分布较连续，隔水性能良好。

（4）侏罗系中下统延安组（$J_{1-2}y$）底部隔水层。该隔水层位于 5 煤或 6 煤组底部，岩性以深灰色砂质泥岩为主，隔水层平均厚度为 8.89m。该隔水层分布较连续，隔水性能良好。

3.2.2.3　地下水的补给、径流、排泄条件

（1）潜水。矿井潜水主要为全新统风积沙层孔隙潜水含水层（Q_4eol）、上更新统萨拉乌素组（Q_3s）孔隙潜水含水层，区内第四系地层广泛分布。潜水的

主要补给来源为大气降水，其次为区外潜水的侧向径流补给以及深部承压水的越流补给。本区大气降水量较小，但是比较集中，降水的一部分渗入地下补给潜水。因此，雨季潜水的补给量会明显增大，旱季潜水的补给量较小。潜水一般沿南、东及东南方向径流，潜水的排泄方式为径流排泄、人工挖井开采排泄、蒸发排泄、泉水排泄等。区内潜水由北向南流出区外。

（2）承压水。矿区承压水主要赋存于白垩系下统志丹群（K_1zh）、侏罗系中统安定组（J_2a）及直罗组（J_2z），以及侏罗系中下统延安组（$J_{1-2}y$）砂岩中。基岩在地表没有出露，因此，承压水的主要补给来源为区外承压水的侧向径流补给，其次为上部潜水的垂直渗入补给，在区外出露处也接受大气降水的渗入补给。承压水与潜水在不同地段可形成互补关系。承压水一般沿地层走向径流。承压水以侧向径流排泄为主，其次为人工开采排泄。承压水一般沿南及东南方向流出区外。

3.2.3 水资源状况

呼吉尔特矿区作为我国新进开发的国家级规划矿区，矿区内煤炭赋存条件优越，煤炭开采机械化程度高，但是由于特殊的地质沉积条件及水文地质条件因素影响，矿井涌水量较大，根据呼吉尔特矿区实际数据，2021年矿区原煤生产2863万t，而矿井涌水量产生量为3480万 m^3，平均每开采1t煤将产生1.2t矿井水，吨煤涌水量目前总体呈现上升趋势。随着煤炭资源规模化开发，矿井水量随之增加，若得不到充分利用，将促使大量水资源无端浪费，使得区域煤炭资源与水资源的协同开发得不到良性、可持续发展。

1. 地表水

呼吉尔特矿区位于鄂尔多斯高原东南部，毛乌素沙地东北边缘地带。井田内地形总体趋势是西北高、东南低，属高原沙漠地貌特征，地表全部被第四系风积沙所覆盖，多为新月形或波状沙丘，没有基岩出露，井田范围内无水库、湖泊等地表水体，更无常年地表径流。同时无水库等大型水体，区域内地表水主要为河间湖淖，如巴汗淖、巴音淖等，大部分为咸水湖，矿化度较高。

2. 地下水

呼吉尔特矿区地下水以裂隙水为主。在构造作用影响下，鄂尔多斯盆地逐步转化为陆相沉积盆地，沉积物以河湖泥砂质冲积体系及河湖三角洲体系为主，由于陆相沉积过程中物源多、相带窄、相变快等特点，使得延安组煤系顶板内包含上百层砂泥岩互层结构，富水性强、弱地层交错分布，使得鄂尔多斯盆地内无区域性稳定隔水层。区域内大面积分布的新生界松散岩类孔隙潜水含水层，结构疏松，孔隙发育，且沉积厚度较大，有利于大气降水入渗及地表水的间歇性补给作用，因此富水性普遍较强，但富水性在平面分布上不均一。具有补给面积大，补给条件较好，径流途径长，富水性及渗透性相对较强等特征，并具有独立的补给、径流、排泄的地下水循环系统。

3.3　研究区主矿区煤炭开发概况

呼吉尔特矿区是毛乌素沙地主采矿区，国家发展改革委于 2008 年 2 月对内蒙古自治区鄂尔多斯市呼吉尔特矿区的规划进行批复，明确呼吉尔特矿区为国家规划矿区。

呼吉尔特矿区共划分为 7 个井田、2 个勘查区和 1 个远景区，建设总规模暂定 6000 万 t/a。其中梅林庙煤矿 1000 万 t/a、门克庆煤矿 1200 万 t/a、沙拉吉达煤矿 800 万 t/a、母杜柴登煤矿 600 万 t/a、巴彦高勒煤矿 400 万 t/a、石拉乌素煤矿 1000 万 t/a（行政区划属于伊金霍洛旗）、葫芦素煤矿 1000 万 t/a。

3.3.1　呼吉尔特矿区概况

呼吉尔特矿区位于内蒙古自治区鄂尔多斯市中部，东西宽 37.4～70.3km，南北长约 73.9km，面积约为 3208.56km^2。井田内含煤地层为侏罗系中统延安组（J$_2$y），地层平均厚度为 286.64m。含煤层共 12 层，可采煤层平均总厚 21.59m，即 2-1、2-2 中、3-1、4-1、4-2 上、4-2 中、4-2 下、5-1、5-2 上、5-2、6-2 上、6-2 中煤层，其中 3-1 煤全区可采，位于延安组二段顶部，是目前矿区主力开采煤层。其煤质以不黏煤为主，次为弱黏煤及长焰煤。煤层厚度东北厚、西南薄。顶板岩性主要为砂质泥岩，少数为粉砂岩，底板岩性主要为砂质泥岩。矿区内矿井采用立井多水平开拓方式。

3.3.2　煤矿开发情况

1. 开发情况

截至目前，呼吉尔特矿区已开煤矿 5 座，分别为葫芦素煤矿、石拉乌素煤矿（行政区划属于伊金霍洛旗）、门克庆煤矿、母杜柴登煤矿、巴彦高勒煤矿；
规划煤矿2座，分别为梅林庙煤矿、沙拉吉达煤矿。呼吉尔特矿区煤矿分布示
意图如图3-3所示。

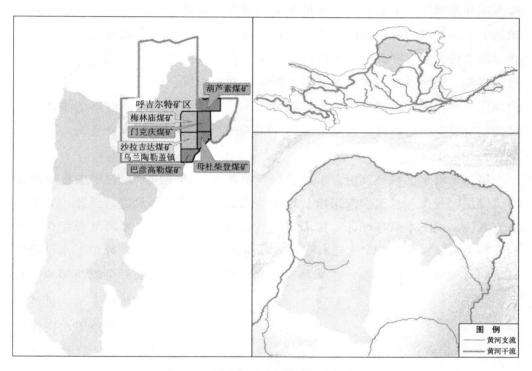

图3-3 呼吉尔特矿区煤矿分布示意图

呼吉尔特矿区煤炭开发情况见表3-1。

表3-1 呼吉尔特矿区煤炭开发情况

状态	煤矿名称	批复产能/(t/a)	首采煤层
已开煤矿	葫芦素煤矿	1000	2-1煤、2-2中煤
已开煤矿	石拉乌素煤矿（伊金霍洛旗）	1000	2-2煤
已开煤矿	门克庆煤矿	1200	2-1煤、2-2中煤、3-1煤
已开煤矿	母杜柴登煤矿	600	2-2中煤、3-1煤
已开煤矿	巴彦高勒煤矿	400	3-1煤
规划煤矿	梅林庙井田	1000	
规划煤矿	沙拉吉达井田	800	

注 上表数据来自矿区规划批复文件及区域水资源论证评估报告。

2. 矿区地下水位变化

煤矿开采初期，矿井排水所形成的地下水降落漏斗范围及地下水位下降幅度较小。随着煤矿开采范围的扩展，矿井为安全开采将长期疏干排水，地下水降落漏斗范围随之不断扩大，在地质结构较为特殊的局部地区，将可能导致区域地下水位持续下降，如红庆河、石拉乌素、营盘壕煤矿资源开发造成白垩系含水层水位大幅下降。地下水位持续下降不仅会直接造成取水工程效益下降或设施报废，还会诱发水井干涸、泉水断流、地面沉降、地下水质恶化等生态环境地质问题，同时可能对邻近煤矿的地下水位产生扰动。随着时间的增加，矿区内实现投产运行的煤矿逐渐增多，"群矿联采"作用对地下水降落漏斗的发展演化将产生重要影响。

第四系潜水萨拉乌苏组含水层及白垩系含水层是井田开发过程中重要的保水关键层，是保障居民生活用水及地区生态稳定的重要含水层。因此，为了解研究区浅部地下水赋存特征，探求采煤活动与浅部地下水位之间是否存在直接的影响关系，本次研究基于已有资料，以旗县尺度设立 24 个野外地下水位观测点，同时辅以 9 眼国控井、33 眼区控井已有观测数据，实现对全旗浅部地下水位赋存特征的初步了解。另外针对煤炭开采过程对地下水资源的影响，在煤矿周边地区设立地下水位观测点，对受采动影响较为明显的地区，进行局部加密观测。研究区观测井相对位置如图 3-4 所示。

通过将各野外测试点水位数据与国控井、区控井同期多年平均数据整合，采用克里金插值法得到乌审旗地下水位埋深图，如图 3-5 所示。乌审旗地形西北高、东南低，浅部水位标高分布总体呈现此规律，自西北流向东南。但是地下水埋深情况与此不

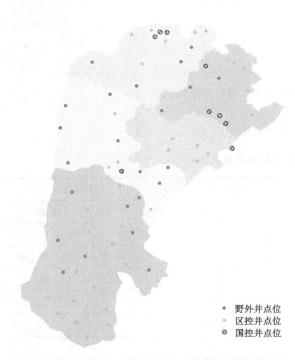

● 野外井点位
● 区控井点位
◎ 国控井点位

图 3-4 研究区观测井相对位置图

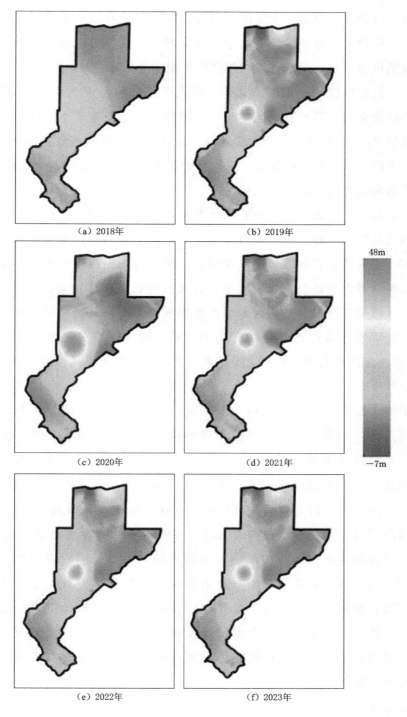

（a）2018年

（b）2019年

（c）2020年

（d）2021年

（e）2022年

（f）2023年

48m

—7m

图 3-5　2018—2023 年矿区地下水位变化示意图

同，在乌兰陶勒盖镇中部、无定河镇西部、乌审召镇及图克镇部分地区地下水埋深较大，全旗大部分地区地下水平均埋深较浅，受局部地区农业灌溉、工业生产及城镇供水影响，地下水埋深随之产生相应变化。

呼吉尔特矿区位于乌审旗东北部，投入生产的 5 座煤矿位于图克镇东部，根据观测结果来看，群矿联采区中心——图克镇东部浅部地下水埋深基本维持不变。根据 2018—2023 年地下水位统计，采煤活动下第四系地下水位并没有产生明显的下降，或下降幅度较小，采煤活动是否会造成浅部地下水水位的下降，还有待于未来长期的实验观测结果。

呼吉尔特矿区含煤地层为侏罗系延安组，因此本次研究通过收集煤矿地下水位观测孔数据，研究采煤活动对深层地下水位的影响。研究发现煤层开采活动影响下，延安组、直罗组水位呈现明显下降趋势，而白垩系水位并未发生显著变化，综合考虑采动裂隙影响范围、含水层补给来源等因素，基本认为，呼吉尔特矿区煤炭开发对白垩系含水层产生影响较小，但是疏干降压排水工作对延安组、直罗组含水层产生较为严重的影响。对于呼吉尔特矿区来说，矿区"保水采煤"工作重点围绕具有重要供水意义的第四系萨拉乌苏组含水层、白垩系含水层开展。

对于同一监测层位的水文观测井来说，地下水位的下降幅度与开采位置存在一定关系，越靠近采区，水位下降幅度越大，这种水位快速下降的现象可能与采动裂隙导通含水层存在一定关系。而远离采区的水文观测井其水位下降的幅度与速度明显较小，其产生一般与由于煤层开采产生的地下水降落漏斗有关，一方面原因是观测井点位可能存在于地下水降落漏斗影响范围内；另一方面原因可能是相同层位的含水层相互侧向补给所导致的地下水位下降。那么对于呼吉尔特矿区，地理位置较为接近的 5 座煤矿同时进行煤炭开采工作，由此产生的地下水降落漏斗对地下水位产生的影响可能会更加严重。无论哪种原因，都使得侏罗系直罗组含水层、延安组含水层地下水位受到了强烈扰动，这种扰动不仅改变了含水层所在地层的应力状态，同时更是矿井涌水量迅速增加的根本原因，从而成为区域煤炭资源与水资源开发不协调、不均衡的重要因素。

3. 矿井涌水量变化

基于煤矿涌水量观测数据，忽视井下采掘工作进度安排所引发的涌水量微小波动情况，研究发现煤矿涌水量的产生呈现明显的 3 个阶段：①缓慢增加阶段，工作面采前疏放水后，涌水量随开采工作的推进而缓慢增加，涌水量总量较小；②快速增加阶段，随着工作面的推进，顶板破坏程度与导水裂隙高度不断增加，涌水量随之快速增加；③逐渐稳定阶段，当导水裂隙对充水含水层充分破坏时，地下水降落漏斗范围变化较小，涌水量随之逐渐趋于稳定。

葫芦素煤矿矿井涌水量与开采进程数据如图 3-6 所示。

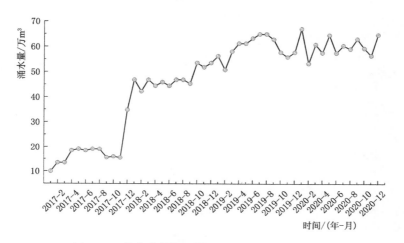

图 3-6　葫芦素煤矿矿井涌水量与开采进程数据

母杜柴登煤矿首采面涌水量与回采进尺数据关系如图 3-7 所示。

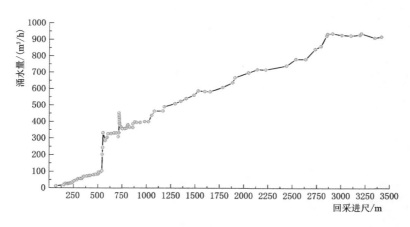

图 3-7　母杜柴登煤矿首采面涌水量与回采进尺数据关系

通过对采煤区浅部地下水位变化、深部地下水位变化的观测，矿井涌水量变化的分析，本次研究认为，呼吉尔特矿区群矿联采作用条件下，煤炭开采对

第四系浅部含水层、白垩系承压含水层产生的影响较小，但是对侏罗系直罗组、延安组含水层产生的影响较为明显，水位下降较为显著，同时矿井涌水基本来源于直罗组、延安组含水层。未来随着煤层开采工作的持续进行，直罗组、延安组水位下降及矿井涌水量逐渐增加的特征将更为显著。

第4章 煤炭-水资源协调共采影响因素分析

4.1 煤炭-水资源协调共采生命周期划分

煤炭-水资源协调共采旨在通过改进开发理念、优化开采参数、提高资源能效等方式，确保矿井安全生产、水资源高效利用、生态环境稳定，从而达到水害防控、资源利用、生态环保三位一体综合效益最大化的目的。

煤炭-水资源协调共采作为煤炭资源开发的子系统，其生命周期节点与煤矿开发生命周期紧密结合，煤炭-水资源协调共采影响因素繁多、作用关系复杂，片面关注单一阶段无法对开采效益准确评估，只有将其融入煤矿生命周期，结合不同阶段开发特点，才能厘清不同因子间的作用方式。

4.1.1 划分依据

煤炭资源开发是一种改造地质环境的过程，包括勘探、规划、设计、建设、开采、关闭、生态恢复几个基本过程，因此通常使用煤矿生命周期来描述并管理矿山开发过程。在这一过程中，地质环境与地下水赋存环境同样存在一定的演化周期，基本可以分为采矿前的原生稳定系统、开采过程中受扰动系统、开采工作结束后的几年或几十年形成的新稳定系统。处于生命周期中不同阶段的煤矿，资源开发引起的环境扰动特征及其影响范围并不相同。总结国内外煤矿生命周期的阶段划分成果，煤矿生命周期基本可以分为勘探、规划、设计、建设、投产、稳产、减产、关闭等8个阶段。

对于重视煤-水-生态三者耦合关系的煤炭-水资源协调共采来说，以煤炭资源开采对水资源扰动程度来作为生命周期阶段划分依据，其效果远高于以煤矿企业管理节点作为划分依据的生命周期。因此本次研究根据西部生态脆弱矿区特殊生态环境特征，以煤炭开采对地下水体扰动的不同影响，将煤炭−水资源协调共采生命周期进行划分，只有充分了解各阶段煤矿生产特点及其对环境的影响作用，才有助于产生对煤炭−水资源协调共采的科学认识，进而提出有针对性的建议及措施。

4.1.2　划分结果

由于煤矿生命周期内不同阶段的生产组织重点不同，因此对水资源和生态环境的扰动程度也不尽相同，由此产生的环境损伤问题具有明显的阶段特征。从煤炭形成至作为废弃物排放的整个生命周期来看，煤炭形成、地质勘探也算煤炭−水资源协调共采生命周期的一部分，但是煤炭形成的地质年代久远，环境影响对于当前资源开发并不明显，因此本次研究不研究原煤地质成因对环境的影响作用。

煤炭−水资源协调共采作为一种煤炭资源开发方式，其综合开发效益的提升本身就是一项复杂的系统工程，取决于各个阶段多方面之间相互协调作用。煤炭−水资源协调共采追求的最终目标是在煤矿从无到有，直到退出生产的全生命周期内，秉承绿色开采理念，通过改进开发方式、优化开采参数，以此在最小的环境影响下实现煤炭与水资源的高效开发。因此，根据一般煤矿生命周期各阶段的划分，结合采煤驱动下水资源受扰动影响作用特点，将煤炭−水资源协调共采生命周期划分为 3 个阶段，即规划设计阶段、建设开采阶段、闭坑整治阶段。

4.1.3　各阶段主要特征

1. 规划设计阶段

规划设计阶段，矿井尚未动工建设，地下水系统处于一种动态平衡状态，由于没有煤层开采的扰动，地下水径−补−排关系稳定，采煤区水文地质单元处于天然的自然循环状态，因此各含水层的水量、水压、渗流速度等参数变化较小，同一含水层水化学性能、水生态环境趋于稳定。

天然状态下地下水系统如图 4−1 所示。

此阶段煤炭−水资源协调共采的重点是摸清煤层与关键层工程地质条件、水文地质条件及空间分布特征，加强含（隔）水层、煤层赋存关系以及区域地质

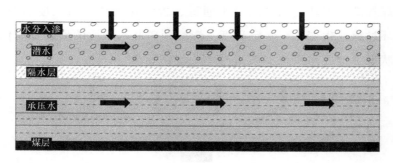

图 4-1　天然状态下地下水系统

构造的探查，为煤矿开采对区域地下水资源与地表生态的扰动影响提供灾害防治和生态修复参数。基于煤层参数、地质条件、开采技术及配套设备合理设计工作面参数，预防矿井动力灾害的发生，同时重视上覆含水层的富水性及渗透性，以及导水裂隙带发育高度，避免矿井水害的发生。采动影响下，矿井涌水将大量增加，矿井水量精准预测与矿井水高效利用技术是提升煤炭-水资源协调共采综合效益的关键。辨识区域地下水径-补-排条件与上覆岩层渗透性的相互作用，明晰"四水（大气降水-地表水-地下水-矿井水）"转化机制。围绕周边供水水源地、生态保护区分布特征，研究分析关键含水层供水价值及生态价值，确定水资源保护目标层，结合地区植被分布情况，探究区域地下水与植被影响关系，进一步分析供水水源地、生态保护区、采煤工作区的水资源补给关系。同时结合区域采动损伤特征，开展采动损害程度评价，依据评价结果设计减损开采方案，为后期环境治理与土地综合利用建立基础。

　　依据生态脆弱矿区煤水赋存关系，结合区域生态环境、含煤岩系地质构造等特点，以区域水资源承载力为基准，地区生态环境平衡为原则，贯彻源头减损理念，科学合理地制定保水采煤方案，确定采取划分方案及开采顺序，实现煤水双资源协调开发，达到社会经济效益最大化的目标。

　　2. 建设开采阶段

　　建设开采阶段，采煤驱动下三场（应力场-渗流场-裂隙场）发生变化，煤层开采形成的采空区使得覆岩应力平衡状态被破坏，岩层移动与破断产生竖向及层间裂隙，采煤区"三带"的发育诱发含（隔）水层结构性损伤，顶底板隔水层隔水能力遭到削弱，采动裂隙带及采空区成为地下水的导水通道或储水空间，含水层间水力联系得到增强，采煤区水文地质单元由稳定自然循环状态向非稳定采煤扰动状态转变，同时导水通道、含水介质及水力坡度的改变，使得地下水循环过程发生变化，一定程度上影响到矿井水水质的形成及演化。

采动状态下地下水系统如图 4-2 所示。

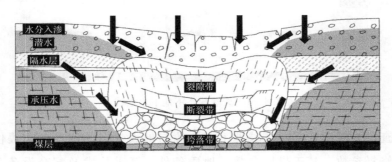

图 4-2　采动状态下地下水系统

在开采过程中，加强采煤工作区地下水及地表水监测能力建设，重视采矿区及周边地区浅表地下水位下降程度，并将监测工作细化至煤层、采区一级，分析采煤驱动下地下水位与植被盖度的变化规律，从而提出相关保护措施。合理控制开采强度从而降低上覆岩层破坏程度，减轻对隔水层隔水能力的损伤，避免导水裂隙导通含水层，达到保护含水层的目的。突出强调生产阶段生态修复在绿色矿山建设过程中的重要地位，建立健全采煤区生态环境监测诊断机制，基于采煤区生态损毁特征确立阶段性生态修复目标并纳入年度考核，综合把握煤炭-水资源协调开发与社会经济效益、生态环境稳定之间平衡关系，促进采煤综合效益最大化。

综合统筹煤矿减沉开采、地表减损开采、固废减排、矿井水处理与利用等方面，将开采强度控制在区域生态环境可承受范围之内，变"损后治理"为"损前防范"，避免损害超出生态自我恢复能力，造成生态不可逆的损害。摒弃末端治理观念，采用"边采边复"环境修复技术，准确把握修复时机，实现地下开采与地表复垦的动态耦合。

资源-生态-经济平衡关系与生态承载能力如图 4-3 所示。

3. 闭坑整治阶段

随着煤炭开采设备撤出矿井，矿山内部应力环境、覆岩水文地质条件、地下水环境质量及重金属污染物分布相较于原生状态发生重大变化。在采煤工作停止后的一段时间内，采煤扰动、人为疏排等因素造成的地下水非稳态将逐渐形成新的稳定状态。由于井下排水工作停止，矿井涌水随着闭坑时间的延长开

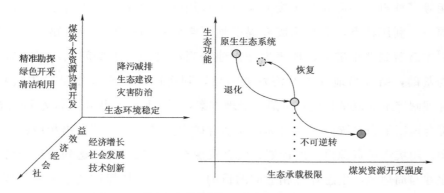

图 4-3　资源-生态-经济平衡关系与生态承载能力

始积蓄，水位开始上升，采动破裂岩体间摩擦力受到影响，可能引发采空区结构性变形失稳等其他次生灾害，可能对临近生产矿井造成威胁，同时区域水动力逐渐弱化，部分封闭采空区内水化学反应的持续进行加剧了矿井水质的劣化。

采后状态下地下水系统如图 4-4 所示。

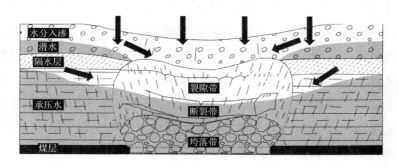

图 4-4　采后状态下地下水系统

专家研究表明，部分特殊裂隙在采煤停止后一段时间将自然闭合，但是对于矿山整体生态重建来说，人工干预与自然恢复应当同步进行，以避免由于井下排水停止、潜水位回升，以及原生裂隙与采动裂隙为井下液（固）相废弃物相互渗透、淋滤提供通道，从而降低地下水体串层污染的可能性。通过工程措施提高覆盖岩层强度，同时加强采空区安全监测并开展采空区稳定性评估，为后期采空区与废弃巷道的空间利用奠定基础。顾大钊院士对采空区和矿井水利用现状进行了深入的研究，结合神华集团多年实践经验，提出以"导储用"为核心的地下水库理论体系，为煤矿地下水保护提供了重要路径。霍冉等对国外废弃煤矿地下空间资源化利用现状进行了深入的研究，分析抽水蓄能、风能、太阳能等多种再生能源在我国废弃矿井中应用的可行性，总结国外废弃矿井再生资源高效利用特点，为我国废弃煤矿地下空间利用提供了新思路。采动影响下地表生态遭到严重破坏，地表生态重建是当前时期的重要问题。以地区生态条件为基础，结合当地社会经济发展需要，利用微生物土地复垦等先进技术，科学合理制定土地复垦计划及沉陷区治理方案，对不同废弃煤矿进行差异化治理，确定符合地区生态系统的治理目标，并结合矿山生产实际，制定出相应的生态修复方案、闭坑煤矿资源再开发计划、废弃资源产业发展规划，达到最终资源利用最优化并与周边地区生态环境相适应的目的。总之，闭坑煤矿的生态恢复要重点考虑地方生态环境特性与社会经济发展需要，将煤矿关闭带来的影响最小化，同时通过理论创新与技术提升促进煤炭-水资源协调共采生态效应最大化。

4.2　综合效益表征因素的选取

通过对煤炭-水资源协调共采生命周期中的每个阶段、每个环节进行研究分析，进而找出影响各阶段综合开发效益的关键因素，分析其产生的内因及可能产生的不利影响，这将是一种提升煤矿综合开发效益的重要方法。因此，本次研究查阅水资源与能源协同开发研究成果、煤炭绿色开采技术汇总、现行国家规范与技术标准、煤矿生命周期相关的文献分析并咨询专家意见，立足于西部矿区特殊生态条件，考虑区域水资源承载力现状，总结选取影响西部矿区煤炭-水资源协调共采综合效益影响因子。

4.2.1　基于科学知识图谱的文献分析

科学知识图谱是一种广泛应用于管理学领域的新兴理论方法，通过将文献计量学、信息科学、情报学、图形科学、可视化技术等多种学科理论进行技术融合，从而对知识的基础、结构、发展趋势、热点问题、研究前沿等重点要素进行分析和研究。知识图谱以学科领域为研究对象，兼顾知识发展历程与基础结构关系，同时具备"图"与"谱"双重性质特征，一方面可以将知识以可视化图形的方式呈现；另一方面又将知识演进历程从学科谱系角度来表达。为了全面、客观地将影响煤炭-水资源协调共采综合效益的重要因子进行识别分析，本书利用知识图谱可视化分析方法，以国内外相关领域文献为基础，在煤炭-水资源协调共采理论和实践层面溯本求源，探索领域内研究热点与聚焦问题，为实现全生命周期煤炭-水资源协调共采影响因素的识别分析提供科学依据。

　　本书将从发文量探究我国煤炭-水资源协调共采研究的时序分布特征以及在国际学术环境中的地位。首先，从研究方向分类、分布揭示我国煤炭-水资源协调相关研究的科学领域结构，进一步完成对煤炭-水资源协调共采的宏观分析；其次，从微观视角出发，突出强调关键词对论文核心论点及主题的高度总结作用，对关键词进行聚类分析、共现分析、突变分析及趋势检验分析等。从多维尺度分析，进一步研究不同主题词间亲疏关系及关联程度，从而展示研究领域的热点知识结构，科学识别煤炭-水资源协调共采综合效益影响因子。

4.2.1.1　知识图谱文献分析工具

　　通过对相关研究文献的整理分析可知，目前用于知识图谱研究的软件种类较多，各种软件在尺度分析、聚类分析、可视化、结果解读性方面存在差异，根据研究需要，本次研究选择 Citespace 软件及 VOSviewer 软件进行文献分析。上述软件具备以下几点特征：①可以对中国知网（CNKI）及 Web of Science 两种典型数据库数据进行分析，进一步保证了研究数据的全面性；②可以通过调整参数的方式对文献数据关联性、可识别性、复杂程度进行微调，进而保障了文献数据动态变化特征；③可以对研究领域的发展趋势、研究前沿、热点问题进行直观反映，其分析过程及结果可视性效果好。

　　Citespace 软件是由美国德雷塞尔大学陈超美教授于 2004 年基于 Java 语言开发的一款专门针对于文献数据可视化分析的软件。该软件在范式转换理论、结构洞理论等经典理论加持下，可以通过不同显示方式对重要文献、关键字、作者、基金项目、研究机构甚至国家进行网络图谱分析，并可以产生如聚类视图、时间线图、时区图等多种图形，利用社会网络分析中的中介中心性指标对学科领域的研究热点、前沿、趋势进行分析，还能以突现检测的方式判别领域内里程碑式的重要论文，并对其文献所涵盖关键词的突现性进行研究，从而揭示某一学科领域的热点问题或突破性进展。

　　VOSviewer 软件是由荷兰莱顿大学凡·艾克（Ness Jan van Eck）和瓦特曼（Ludo Waltman）博士于 2009 年基于 Java 语言设计开发的免费软件，该软件主要面向文献数据一维无向网络分析，其知识理论可视化水平较高。该软件以概率论、关联强度算法等理论作为文献数据分析的基础，可以针对文献中的作者、研究机构、国家、发文期刊、关键词等不同数据单元，分别在网络视图（network visualization）、标签视图（overlay visualization）、密度视图（density visualization）3 种视图下构建合作网络、共现网络、引证网络等多种知识网络类型。该软件图形展示能力较突出，同时数据接纳性较强，对于不同数据库多种格式文献数据具有良好的处理能力，在此基础上，得益于 VOSviewer 软件在相似关键词合并、删除等方面的操作简单，使得其数据清洗、词汇筛选效果良好。

4.2.1.2　数据来源及检索处理

本书所用的文献数据分为两种，分别来自中文数据库以及英文数据库。其中中文数据库选择 CNKI 数据库，该数据库创始于 1995 年，致力于建设"中国知识基础设施"，打通知识生产、传播、扩散与利用全过程，服务全国各行业知识创新与学习。现已建成融科学、社会、政府三大数据于一体的"世界知识大数据"，囊括国内外 73 个国家和地区的重要全文文献 2.8 亿篇，摘要 3 亿多篇，知识元 82 亿条；取得技术专利、软件著作权 200 多个，打造了覆盖数字化、网络化、大数据与人工智能各领域的知识管理与知识服务产品体系，是我国覆盖面最广、最具权威性的科学文献来源。英文数据库选用 Web of Science 数据库，该数据库收录了多种世界权威的、高影响力的学术期刊，涵盖自然科学、社会科学、工程技术、生物医药、艺术人文等领域，其收录文献最早可追溯至 1900 年。Web of Science 数据库具有严格的筛选机制，以文献计量学中的布拉德福定律为基准，只收录各学科领域中最突出的学术期刊，同时该平台还创建了一种特有的引文索引格式，对于一篇文献来说，除作者、关键词、摘要等基本信息外，还能检索其引用情况及其被引次数，可以轻松追溯某文献的起源及研究历史，或者追踪其最新研究进展，因此该数据库成为获取全球学术信息的最重要数据库之一。

本书利用科学知识图谱相关理论方法对文献数据进行处理的目的是对全生命周期煤炭-水资源协调共采综合效益表征因素进行识别和界定，但是从先前的生命周期阶段划分分析中可以发现，各类影响因素所涉及的研究内容及学科领域众多，这将会直接影响到在两种数据库中对文献的检索分析。同时由于不同领域的研究方式存在差异会使得发文量产生较大差别，进而使得研究重点产生偏差，例如侧重于实验探索的研究方向可能发文量偏大，而强调基础理论的研究方向可能短期内不会出现大量成果。因此，在文献的筛选与处理过程中，需要选择能够概化多种研究方向，同时不会因发文量产生偏差的检索词。

4.2.1.3 数据收集及检索策略

考虑到煤炭-水资源协调共采影响因素众多且涉及多个学科领域，同时保证检索词简单精练，因此首先确定煤炭-水资源双资源开发的检索策略为：

（1）中文数据库（CNKI）：主题＝"煤炭"AND 主题＝"水资源"。

（2）英文数据库（Web of Science）：TS＝"coal"AND TS＝"water resources"。

以两数据库总库为检索范围，分别对建库至今全部文献进行检索分析。经文献检索，中国知网检索获得文献 2191 篇（检索日期：2022 年 11 月 11 日），Web of Science 检索获得文献 2861 篇（检索日期：2022 年 11 月 12 日）。

通过对领域内已有成果的整理分析发现，针对于煤炭资源开发过程中的水资源保护，众多专家学者在深入研究西部矿区煤炭开采对生态环境的影响作用后，提出建立保水采煤技术体系，旨在通过开采技术或其他人为因素调整达到保护水资源同时安全采煤的目的。因此确定对保水采煤的检索策略为：

中文数据库（CNKI）：主题＝"保水采煤"OR 主题＝"保水开采"。

英文数据库（Web of Science）：TS＝"water—preserved coal mining"OR TS＝"water conservation mining"。

以两数据库总库为检索范围，分别对建库至今全部文献进行检索分析。经文献检索，中国知网检索获得文献 529 篇（检索日期：2022 年 11 月 12 日），Web of Science 检索获得文献 173 篇（检索日期：2022 年 11 月 12 日）。

本次研究以上述两对检索词为重点，分析其所包含的相关文献，以期通过科学知识图谱可视化分析，识别并界定影响煤炭-水资源协调共采综合效益的相关影响因子。

4.2.1.4 数据筛选及样本规范

进一步分析检索数据发现，已检索文献数据中存在部分广告、征稿、会议通知、科普宣传等文献，上述文献对于本次研究并无实际意义，同时可能影响分析的准确性，因此将已有文献数据中的无关信息进行剔除。最终获得：

中文数据库（CNKI）：主题＝"煤炭"AND 主题＝"水资源"为检索词的有效数据 1960 篇。

英文数据库（Web of Science）：TS＝"coal" AND TS＝"water resources"为检索词的有效数据 2805 篇。

中文数据库（CNKI）：主题＝"保水采煤" OR 主题＝"保水开采"为检索词的有效数据 524 篇。

英文数据库（Web of Science）：TS＝"water—preserved coal mining" OR TS＝"water conservation mining"为检索词的有效数据 173 篇。

在文献数据筛选过程中发现，不同文献间的关键词信息存在同义不同词现象，同时研究机构也可能因为缩写或简写等因素使得同一研究机构出现名称不同等现象，此类现象会对文献数据关键词分析以及机构合作分析产生重要影响，使研究重点产生偏差。因此，需要对关键词、研究机构名称等进行规范化，包括合并、删除、消歧等工作。例如：充填、充填开采；导水裂缝带、导水裂隙带；裂隙、裂隙带、采动裂隙。上述关键词含义重复，因此需要对关键词进行合并、删除工作。另外研究机构方面，同一高校的不同学院或同一机构的不同部门发表文章，其成果往往会因院系或部门的不同造成名称表述不统一，使得研究机构数量明显多于实际数量，因此需要对研究机构名称进行合并或消歧等规范化工作。

4.2.1.5　发文量统计与科研合作

1. 发文量分析

年度发文量的数量及其变化趋势在一定程度上反映了该领域在经济社会中的重要性，同时更反映了其受专家学者的关注程度。

基于 Web of Science 数据库文献数据分析发现，1900 年至 2022 年 11 月，围绕"煤炭＋水资源"主题发表文献总计 2861 篇，年刊文数量呈明显增长趋势，如图 4－5 所示。1990 年之前，相关主题论文不足 10 篇；1991—2006 年年均刊文数量稳步增长；2007 年之后各领域专家开始重视水资源在煤炭资源开发领域的重要性，刊文数量开始激增，并于 2021 年达到峰值；截至本书统计时间 2022 年 11 月 12 日，2022 年已发表的文献数已经达到 308 篇，可以预计 2022 年的全年发文量将继续保持增长态势并有望突破 2021 年的发文量。随着煤炭-水资源协调开发相关领域的发文量不断增多，证明该领域受到专家学者关注程度持续升高，加之科研力量的逐渐增强，将使得领域内研究成果不断增加，该领域研究具有广阔的前景。

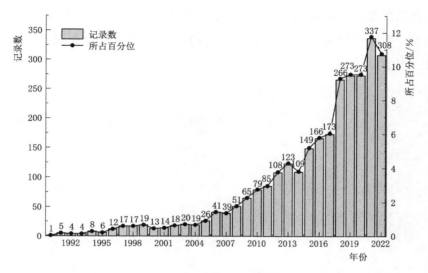

图 4-5　Web of Science 数据库年度发文量统计

2. 科研合作网络可视化分析

科研合作按照合作对象的不同分为 3 种，即国家或地区层面的合作、研究组织或机构层面的合作、科研人员之间的合作，分别从宏观、中观、微观 3 种角度反映该领域学术科研合作情况。本次研究将通过绘制知识图谱对所采集文献中涉及的国家或地区、研究组织机构、研究人员进行分析，从而找寻煤炭-水资源协调共采领域最权威的国家、研究机构或关键科研人员，为探索煤炭-水资源协调共采综合效益关键影响因子提供方向。

为探索各个国家或地区在煤炭-水资源协调开发方面的科研实力，本次研究以发文量为标准，对各国家或地区的发文量进行统计。发文量排名前 17 的国家中，发文量在 50 篇以上的国家或地区共有 10 个，如图 4-6 所示。其中：中国发文量最高，为 1383 篇；美国次之，为 422 篇；澳大利亚、印度、加拿大、英国、南非等传统矿产资源大国其发文量紧随其后。同样从国际合作强度来看，国际合作较为密切，图谱中形成三大合作聚类，如图 4-7（a）所示。其中：中国、澳大利亚、加拿大与其他国家之间合作强度明显较大，形成以中国为核心的第一梯队，这与我国近年来远赴国外与其他国家合作开展煤炭资源开发有一定关系，在一定程度上助推了我国采煤科技能力的提升；其次是以美国为核心，包含土耳其、马来西亚、日本的第二梯队；剩余合作聚类中的国家其合作强度远小于上述两梯队所属国家的合作强度，证明其他国家更偏重自主研究。国家或地区合作强度弦图如图 4-7（b）所示，其中节点的大小代表发文量的多少，节点越大，则证明发文量越多；节点之间的连线代表存在合作关系，连线越宽则证明合作文献越多。

中国 1383篇	澳大利亚 199篇		印度 141篇	加拿大 108篇
	英国 106篇	德国 75篇	俄罗斯 56篇	日本 55篇
	南非 99篇	西班牙 43篇	意大利 37篇	法国 33篇	荷兰 30篇
		土耳其 41篇	巴基斯坦 29篇	巴西 27篇	沙特阿拉伯 22篇
美国 422篇	波兰 94篇	马来西亚 39篇	韩国 28篇	乌克兰 21篇	瑞典 21篇

图 4-6　国家或地区发文量分布统计

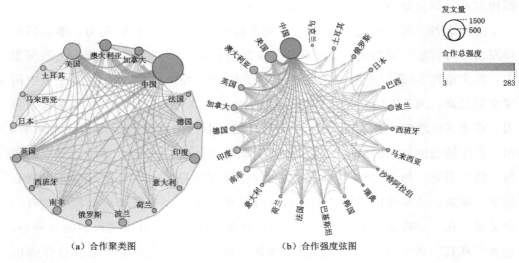

（a）合作聚类图　　　　　（b）合作强度弦图

图 4-7　国家或地区合作聚类图及强度弦图

　　为了清晰地了解各科研机构间的合作关系，对 Web of Science 数据库的文献数据进行发文机构聚类分析。研究发现，发表科研成果最多的科研机构为中国矿业大学及其附属研究所，同时依据各研究机构发文方向的不同，各科研机构可分为 10 个主要聚类，如图 4 - 8 所示，分别为矿区生态修复、采煤地质评价、能源需求、规划水-能耦合系统、采煤环境影响、含煤泥浆、采煤效应、水资源、矿井排水、矿井水、水-能纽带关系，国内外各研究机构、各高校间均具有密切的合作，同时各研究机构间跨领域、跨地区合作有待进一步加强。受矿区分布地域性限制及科研单位学科优势影响，各地区研究重点各有突出。在矿区生态修复方面，中国矿业大学、西安科技大学在此方面成果卓著；在采煤地质评价方面，中国科学院及其科研院所在此方面进行了深入的研究；在采煤效应研究方面，太原理工大学、山东科技大学具有丰富的实践经验。同样，国外高校对其他领域也具有较强的科研实力，澳大利亚昆士兰大学侧重于能源需求的研究，南非科学与工业研究理事会在采煤环境影响研究方面具有一定的影响力，美国亚利桑那大学更加注重在水-能纽带关系方面的研究。随着我国对水资源高效利用的日益关注，采煤区水资源保护力度不断加大，各研究机构也将在科研学术方面产出更多更好的成果。

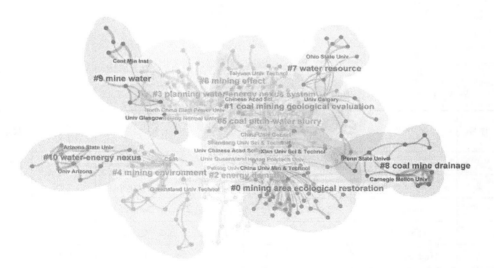

图 4 - 8　Web of Science 数据库发文机构聚类图

　　对发文作者开展统计有助于分析该领域核心作者群，本次研究中自 1974 年开始存有记录的 2805 篇 Web of Science 文献数据中共包含 946 位作者，如图 4 -

9 所示。其中发文量超过 5 篇的作者共有 12 人，见表 4 − 1，从其国籍上判断，基本都属于中国，如发文量为 13 篇的中国矿业大学李文平教授团队，发文量为 10 篇的中国矿业大学马立强教授团队。另外，分析过程中还发现，各位作者的节点中心性普遍偏低，证明在不同作者团队间合作发文能力还有待提升，其合作深度、广度还有待发展。

图 4 − 9　Web of Science 数据库作者共现图

表 4 − 1　　　　　　　Web of Science 数据库发文量前 12 的作者

序号	作者	首次发文年份	数量	序号	作者	首次发文年份	数量
1	Li，Wenping	2018	13	7	Li，Meng	2019	8
2	Ma，Liqiang	2013	10	8	Zhang，Jixiong	2019	7
3	Zhang，Bo	2015	10	9	Zhang，Dongsheng	2019	6
4	Qian，Yu	2015	9	10	Sun，Qiang	2020	6
5	Huang，Guohe	2018	8	11	Gui，Herong	2020	6
6	Yang，Siyu	2016	8	12	Liu，Shiliang	2018	6

从国家或地区、科研机构、作者团队 3 个维度的合作强度来看，我国在国家层面、组织机构层面科研合作能力小有建树，但是不同团队间的合作有待加

强。但是从发文数量来看，针对于煤炭与水资源协同开发方面，我国近些年科研成果粲然可观。因此，本书围绕煤炭-水资源协调共采这一主题，以国内外学术文献或科研成果为基础，同时重视我国学者针对于西部矿区生态问题提出的"保水采煤"技术体系，科学识别"煤-水"双资源开发综合效益的关键影响因子。

4.2.1.6 图谱分析与信息解读

对于科学文献来说，文献关键词是其核心论点、主要内容及主题思想的高度凝练，关键词的选取将在一定程度上影响文献的学科分类。因此，针对煤炭-水资源协调共采相关领域文献，以关键词为突破口，通过提取文献核心内容的关键词频率分布及其统计特征，以此来呈现研究领域的热点问题及发展趋势。

关键词聚类分析重点反映研究领域的主体层次及知识脉络，对其开展分析有助于梳理不同时期的知识研究体系，以各关键词的相关程度为依据，将大量关键词分为"类内相似度高、类间相似度低"的若干聚类，同时考虑关键词聚类的多样性、语义广度及深度确定聚类标签。同时以节点中心度作为节点在聚类属性中表达的重要方式，节点中心性越高其重要性也越高。而关键词共现分析重点强调时间维度内的研究动态，关键词共现关系是指同一篇文献中不同关键词同时出现的相关关系，常以关键词的共现词频、出现年份、分布时段作为热点问题的分析指标，主要反映研究重点问题随时间的更替变化。关键词突现分析能够有效地检测出引发学界普遍关注的关键词及其在一定时间内的引用频率，即研究热点的突现时间点及其热度持续的时长，其突现指数越高则证明在一定时间段内对其产生的关注度越高，从另一方面诠释出该话题的动态影响力，常用于表现学科前沿的新兴研究方向及热点问题，若一个聚类中出现的突现词越多，则证明该聚类越活跃，该研究方向可能成为未来研究方向。关键词的时区图将关键词按首次出现年份呈现时间维度分布，可以呈现研究内容在不同时间段的发展趋势，通过关键词的时间趋势变化可以进一步挖掘该领域的前沿热点。

本次研究分别以 Web of Science 数据库及 CNKI 数据库文献数据为基础，以前文所述两种检索策略为依据，分别对文献关键词进行聚类分析、共现分析、突变分析及趋势检验 4 种分析，如图 4-10 所示，并将其分析结果作为煤炭-水资源协调共采综合效益表征因素的判定依据。

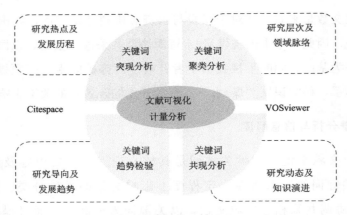

图 4-10　文献计量关键词分析思路

1. 关键词聚类分析

Citespace 软件可以通过不同聚类算法识别不同高频关键词或名词短语的研究聚类，同时提供 3 种不同聚类分析方法，分别为潜在语义学（LSI）、对数似然比（LLR）及交互信息（MI），基于以上 3 种算法分析并提取各聚类标签名称，从而识别研究领域内重点问题，揭示领域潜在知识结构。本次研究对于聚类图谱中各节点重要性评估将在关键词词频基础上，结合节点中介中心性来考量，节点中介中心性是指在网络图谱中，某节点作为连接其他任意两节点间最短距离的"关键桥梁"的次数，若通过某一节点的信息越多，那么其在图谱网络中影响越大，其作用更为关键。本次研究选用 LLR 算法针对 Web of Science 数据库及 CNKI 数据库的两种检索策略选定的检索词开展关键词聚类分析，并选择以 title term 显示各聚类名称。

为了进一步评估图谱聚类效果，本次研究利用聚类模块性指数 Q 及聚类轮廓性指数 S 作为评估参数。根据陈超美教授及陈悦教授的分析解读，Q 分布范围一般为 $[0, 1)$，当 $Q>0.3$ 时认为聚类分类结构显著；而当 $S>0.5$ 时即认为聚类结果合理，当 $S>0.7$ 则认为聚类结果令人信服，说明聚类集合其同质性满足分析要求，图谱效果接近理想状态。基于上述论述，对相关文献数据开展聚类分析，结果如图 4-11～图 4-14 所示。

基于知识图谱可视化技术对相关文献进行聚类分析发现，由于检索词不同、数据库收录数据不同，导致文献数据聚类结果存在差异，各种聚类涉及能源、资源、生态、经济等多个方面，跨学科特征明显，同时针对资源开发生命周期研究众多，与前文分析煤炭-水资源协调共采生命周期特征明显、影响因素复杂

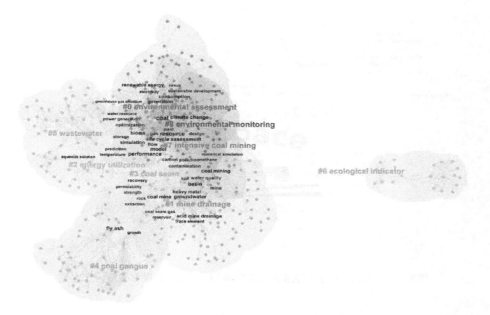

图 4-11 "煤炭＋水资源"Web of Science 数据库关键词聚类图

图 4-12 "煤炭＋水资源"CNKI 数据库关键词聚类图

的结论相一致，为进一步探究领域研究中重点问题，对聚类分析结果进行统计，见表 4-2、表 4-3。表中分别列出数据库、聚类模块性指数 Q 值、聚类标签、聚类大小、聚类轮廓性指数 S 值及其他聚类关键词。

图 4 - 13　"保水采煤＋保水开采"Web of Science 数据库关键词聚类图

图 4 - 14　"保水采煤＋保水开采"CNKI 数据库关键词聚类图

表 4 - 2　　　　　　　　　　"煤炭＋水资源"关键词聚类统计

数据库	聚类模块性指数 Q 值	聚类标签	聚类大小	聚类轮廓性指数 S 值	其他聚类关键词（部分）
Web of Science	0.4786	0 - environmental assessment	148	0.674	life cycle assessment、energy - water nexus、environmental assessment
		1 - mine drainage	118	0.738	rare earth element、acid mine drainage、quality assessment

数据库	聚类模块性指数 Q 值	聚类标签	聚类大小	聚类轮廓性指数 S 值	其他聚类关键词（部分）
Web of Science	0.4786	2 - energy utilization	98	0.705	energy utilization、numerical study、resource utilization
		3 - coal seam	60	0.799	coal seam gas、shale gas、organic contaminant
		4 - coal gangue	55	0.859	coal gangue、mitigation strategies、oceanic hydrate
		5 - wastewater	55	0.883	aqueous solution、combustion behavior、isotopic analyses
		6 - ecological indicator	21	1.000	ecological indicator、case study、coal mine
		7 - intensive coal mining	18	0.932	degraded land、long - term land - use change、semi - arid area
		8 - environmental monitoring	13	0.962	inrush hazard、technical system、environmental monitoring
CNKI	0.6124	0 - 水资源	233	0.819	水资源、煤炭开采、生态环境
		1 - 常规能源	120	0.754	水力资源、太阳能、标准煤
		2 - 煤炭企业	67	0.917	煤化工、煤液化、低碳经济
		3 - 水能资源	65	0.873	水电开发、水电站、年发电量
		4 - 地质勘察	65	0.864	煤炭资源、地质勘察、合理配置
		5 - 煤炭产量	60	0.934	煤炭产量、乡镇煤矿、煤炭基地
		6 - 消费量	30	0.942	植物燃料、煤炭质量、商品煤
		7 - 工业产值	28	0.969	交通运输、工业产值、煤炭产品
		8 - 黄河流域	23	0.861	黄河流域、矿产资源、煤炭价格
		9 - 产业发展	17	0.974	产业发展、工业用水、产能过剩
		10 - 耗水量	11	0.961	创造财富、拉闸限电、综合能耗

　　通过分析以"煤炭＋水资源"为检索词的中英文文献数据聚类结果发现，各聚类的 Q、S 均满足分析要求，同时现有研究基本围绕资源开发技术、能源保障规划、废弃资源利用、生态环境影响及产业经济发展几个基本方面。结合图 4-11、图 4-12、表 4-2 可以看出，Environmental assessment 及水资源聚类最大，分别包含 148 个、233 个关键词，以资源开发生命周期评估、水-能耦合关系、资源开发环境评估、采煤驱动下生态演化特征为主要研究方向。除水能资源开发、流域生态功能提升两方面外，大部分聚类更加偏向于采煤条件下水资源开发利用。在此基础上，聚类集合中存在很多煤炭-水资源协调共采综合

效益关键影响因素，如矿井水水质、工业废水利用率、覆岩组合结构及岩性、土壤理化性质、潜水水位、地表沉陷、煤层参数、开采方法、成本费用收益率等。

表 4 - 3　　　　　　　"保水采煤＋保水开采"关键词聚类统计

数据库	聚类模块性指数 Q 值	聚类标签	聚类大小	聚类轮廓性指数 S 值	其他聚类关键词（部分）
Web of Science	0.7041	0 - water conservation mining technology	60	0.873	case study、inrush risk、water conservation mining technology
		1 - geomorphic response mechanism	36	0.861	soil erosion、deforestation effect、temporal variation
		2 - coal mining	36	0.789	coal mining、hot spot、water conservation
		3 - water quality	34	0.900	anthropogenic disturbance gradient、land use type、surface water quality
		4 - soil reinforcement	33	0.921	precision conservation、applying spatial analysis、cropping system
		5 - cost - effectiveness	29	0.982	multi - level analysis、groundwater conservation measure、long - term global water projection
		6 - sequestration	26	0.961	farming system、organic material、amenagement
		7 - hydrological functioning	16	0.958	hydrological functioning、quantitative assessment、decrease
CNKI	0.6019	0-岩层控制	97	0.912	保水采煤、绿色开采、地质环境
		1-浅埋煤层	90	0.798	保水开采、浅埋煤层、延安组
		2-绿色开采	60	0.846	关键层、岩层移动、充填开采
		3-数值模拟	48	0.923	数值模拟、岩溶水、下降漏斗
		4-含水层	41	0.863	水资源、含水层、关键层
		5-导水裂隙	28	0.957	渗流、水土流失、水环境
		6-环境影响	22	0.915	水文地质、影响因素、径流
		7-水文地质	21	0.917	采矿工程、地下水库、隔水层
		8-生态水位	10	0.879	生态水位、采煤技术、勘查方法

　　保水采煤（保水开采）作为我国学者针对于西部矿区"富煤贫水"特殊资源特征而提出的资源开发技术，对其相关文献关键词开展聚类分析有助于梳理技术基础结构，同时极大地提升西部矿区煤水双资源开发影响因素识别效率。从其聚类统计结果来看，各聚类的 Q、S 均满足分析要求，共包含 17 个聚类，

其中关键词超过 60 个的聚类分别有岩层控制、浅埋煤层、绿色开采、water conservation mining technology，其研究方向开始向资源开发贴近，如矿井突水风险、采煤地质环境、关键层理论、含水层富水性等。一方面各聚类规模大小各不相同，但是话题点明显向采煤引发生态变化迁移且更具体化，如土壤侵蚀、植被覆盖、水土保持、沙漠化、塌陷复垦等；另一方面煤炭原生地质载体性质成为研究重点，如隔水层隔水能力、水文地质条件、区域地质构造、地形地貌、降水蒸发等。

2. 关键词共现分析

关键词共现分析是研究并揭示不同研究内容间复杂网络关系的重要方法之一，同一领域相关文献关键词间共现关系及其共现强度，对深入研究领域热点问题具有重要意义。在共现网络图谱中，任一节点代表某一关键词，节点大小代表关键词出现频率，若在一篇文献中，同时出现某两个关键词，则这两个节点间将会产生一条连线，而任意两节点间连线的宽窄，则表示两个关键词同时共现的频率，更是其共现强度的表征。结合关键词共现频次、共现强度两方面因素，考虑不同检索词、数据库文献数据规模，合理设定共现阈值，从而绘制关键词共现网络图谱，如图 4-15～图 4-18 所示。

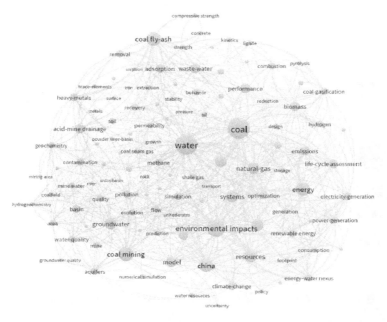

图 4-15 "煤炭＋水资源"Web of Science 数据库关键词共现图

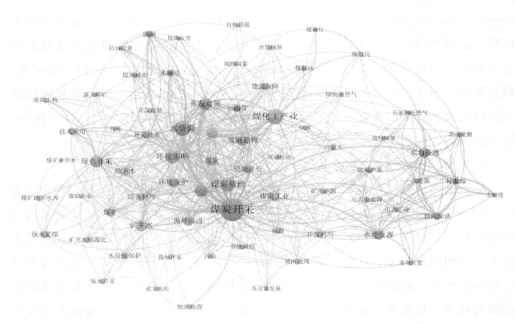

图 4-16 "煤炭＋水资源" CNKI 数据库关键词共现图

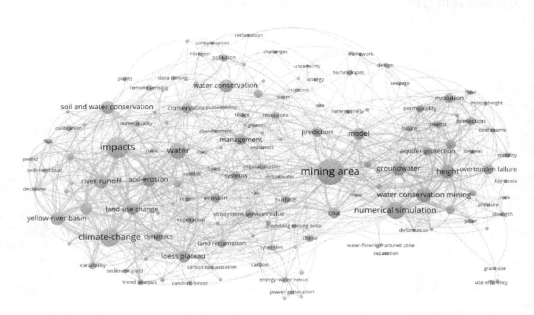

图 4-17 "保水采煤＋保水开采" Web of Science 数据库关键词共现图

关键词共现图谱信息统计见表 4-4。

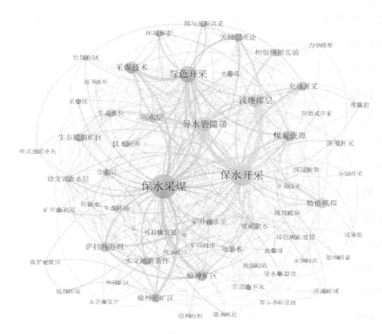

图 4-18　"保水采煤＋保水开采"CNKI 数据库关键词共现图

表 4-4　　　　　　　　　关键词共现图谱信息统计

检索词	数据库	文献篇数	共现阈值	节点数	共现关系数	共现总强度	主要关键词（词频前5）
煤炭＋水资源	Web of Science	2805	20	116	3155	10046	Coal、Water、Environmental impact、Coal mining、Coal fly-ash
	CNKI	1962	10	72	628	2022	煤炭开采、煤化工产业、水资源、煤炭基地、环境影响
保水采煤＋保水开采	Web of Science	173	2	142	1180	1592	Mining area、Impacts、Climate-change、Numerical simulation、Water
	CNKI	527	3	63	397	1235	保水采煤、保水开采、绿色开采、导水裂隙带、浅埋煤层

　　结合图 4-15、图 4-16 以及表 4-4 可以看出，除检索词外，词频较高的关键词有 Environmental impact、Coal mining、Coal fly-ash、煤炭开采、煤化工产业、煤炭基地及环境影响，从检索词研究尺度来看，采煤对区域生态环境影响是相关研究领域的热点问题。综合图 4-17、图 4-18 及表 4-4 可以发现，词频较高的关键词有 Mining area、Climate-change、Numerical simulation、导水裂隙带、浅埋煤层等，在绿色开采思想指导下，保水采煤技术研究得到良好的发展，针对不同资源禀赋特征，其研究目标逐步具体化，研究重点更具针对

性，深入研究资源开发过程中的技术参数、灾害因素、经济指标等方面。在此基础上，本次研究以词频的依据对共现网络图谱中所涉及的关键词进行梳理，进而得到部分煤炭–水资源协调共采综合效益关键影响因素，包括：采煤技术参数方面的工作面参数、开采参数、工作面推进速度、回采率等；矿井灾害因素方面的煤与瓦斯突出、冲击地压、采空区失稳、百万吨死亡率等；经济社会指标方面的万元 GDP 能耗、员工工效、劳动生产率、经济贡献率等。

3. 关键词突现分析

研究领域内新兴技术或理论的产生，往往伴随着相关主题文献的急剧猛增，与此同时文献著作的关键词出现频率也将随之增加，但是随着领域内科研力量的持续投入，必将迎来理论创新及技术突破，那么原先的关键词其热度将随之下降并趋于消失。因此，研究关键词突现性对把握领域内热点问题的阶段性特征具有重要意义。Citespace 软件采用美国康奈尔大学乔恩·克莱因伯格（Kleinberg Jon）教授于 2002 年提出的 Burst 算法对节点突现性特征进行检测。在突现图谱中，红色代表相应关键词突现的兴起时间及消隐时间，而浅绿色代表关键词突现性较为平缓的年份。因此，根据关键词突现图谱可以清楚地了解研究领域内热点问题的阶段性特征。

综合两种数据库中，两种检索策略下文献数据分布趋势，本次研究不同检索词分别选用 1980—2022 年文献数据、1990—2022 年文献数据进行关键词突现性检测，分别记录突现关键词初现年份、突现时间及结束时间、突现强度等，关键词突现强度越高，其影响性越大。考虑 4 种不同文献数据间数量规模方面的差距，按照突现强度及话题相关性分别提取 10 个、20 个突现词作为分析基础，如图 4–19～图 4–22 所示。

通过分析上述关键词突现检测图谱，可以发现国际学界与国内学界在研究领域内热点话题具有一定差异性。在煤炭、水资源开发方面，通过对比关键词突现强度，国际学界研究重点偏向于煤质分析、二氧化碳、水资源、能源消耗等方面，如二氧化碳，前期重点研究资源利用过程中温室气体排放，在《巴黎协定》签订后，研究重点向二氧化碳捕集、碳封存方面迁移，使得其突现性减弱并消失；而国内学界更偏向于标准煤、煤化工、矿井水、黄河流域、保水采煤等方面。国际学界目前的研究热点围绕资源回收、岩性参数、矿井排水 3 方面开展相关研究；而国内学界以水文地质勘查、矿井水综合利用、采煤区生态

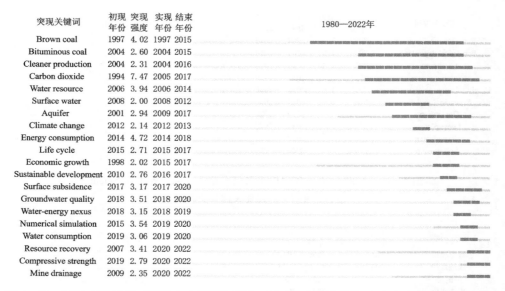

突现关键词	初现年份	突现强度	实现年份	结束年份	1980—2022年
Brown coal	1997	4.02	1997	2015	
Bituminous coal	2004	2.60	2004	2015	
Cleaner production	2004	2.31	2004	2016	
Carbon dioxide	1994	7.47	2005	2017	
Water resource	2006	3.94	2006	2014	
Surface water	2008	2.00	2008	2012	
Aquifer	2001	2.94	2009	2017	
Climate change	2012	2.14	2012	2013	
Energy consumption	2014	4.72	2014	2018	
Life cycle	2015	2.71	2015	2017	
Economic growth	1998	2.02	2015	2017	
Sustainable development	2010	2.76	2016	2017	
Surface subsidence	2017	3.17	2017	2020	
Groundwater quality	2018	3.51	2018	2020	
Water-energy nexus	2018	3.15	2018	2019	
Numerical simulation	2015	3.54	2019	2020	
Water consumption	2019	3.06	2019	2020	
Resource recovery	2007	3.41	2020	2022	
Compressive strength	2019	2.79	2020	2022	
Mine drainage	2009	2.35	2020	2022	

图 4-19　1980—2022 年"煤炭＋水资源"Web of Science 数据库前 20 个突现关键词突现检测

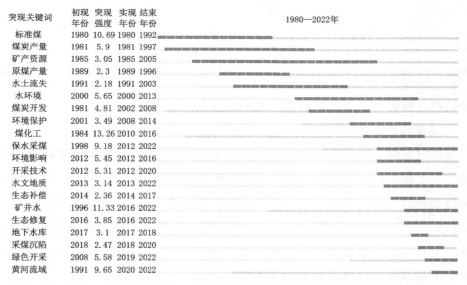

突现关键词	初现年份	突现强度	实现年份	结束年份	1980—2022年
标准煤	1980	10.69	1980	1992	
煤炭产量	1981	5.9	1981	1997	
矿产资源	1985	3.05	1985	2005	
原煤产量	1989	2.3	1989	1996	
水土流失	1991	2.18	1991	2003	
水环境	2000	5.65	2000	2013	
煤炭开发	1981	4.81	2002	2008	
环境保护	2001	3.49	2008	2014	
煤化工	1984	13.26	2010	2016	
保水采煤	1998	9.18	2012	2022	
环境影响	2012	5.45	2012	2016	
开采技术	2012	5.31	2012	2020	
水文地质	2013	3.14	2013	2022	
生态补偿	2014	2.36	2014	2017	
矿井水	1996	11.33	2016	2022	
生态修复	2016	3.85	2016	2022	
地下水库	2017	3.1	2017	2018	
采煤沉陷	2018	2.47	2018	2020	
绿色开采	2008	5.58	2019	2022	
黄河流域	1991	9.65	2020	2022	

图 4-20　1980—2022 年"煤炭＋水资源"CNKI 数据库前 20 个突现关键词突现检测

修复、黄河流域能源规划、绿色开采理论体系等方面的研究为重点，同时发现保水采煤由 1998 年首次提出，2012 年开始突现，一直发展至今。在保水采煤或保水开采方面，突现度较高的关键词分别有绿色开采、浅埋煤层、生态水位、黄土高原、情景模拟、资源管理等，从其热点问题来看，更加注重采煤条件下环境与地下水演化特征的研究，如土壤侵蚀、生态退化等方向，以及强调矿井

图 4-21　1990—2022 年"保水采煤＋保水开采"Web of Science
数据库前 10 个突现关键词突现检测

图 4-22　1990—2022"保水采煤＋保水开采"CNKI 数据库前 10 个突现关键词突现检测

安全生产方面因素，如矿井水害、突水溃沙等。

4. 关键词趋势检验

为探究不同关键词在不同时间段的发展趋势，进而有效挖掘领域前沿热点问题，本次研究同时利用 Citespace 软件及 VOSviewer 软件对文献数据开展关键词趋势检验，从时间维度对领域知识演进历程进行研究分析，如图 4-23～图 4-26 所示。许多的研究前沿既有可能在科技创新推动下成为该领域未来的研究热点，也有可能在某个阶段中短暂兴起并迅速沉寂，因此及时高效地识别领域研究前沿热点可能会极大地推动学科领域的发展。VOSviewer 软件利用两节点间关联强度进行相似性计算，结合关键词年份及节点相似性进行颜色映射，从而分析领域内研究趋势的演变。在图 4-23、图 4-24 中，节点颜色越蓝，则证明节点研究内容出现时间越早；节点颜色越黄，则证明节点研究内容出现时间越晚。Citespace 软件将满足一定阈值条件下的关键词按照规则进行聚类，同时在聚类中按照出现时间顺序对关键词进行排序，该方法将有助于研究人员了解并分析不同阶段的热点话题。

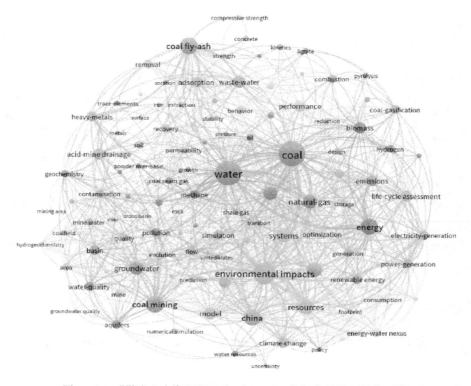

图 4-23 "煤炭+水资源"Web of Science 数据库关键词趋势图谱

图 4-24 "煤炭+水资源"CNKI 数据库关键词趋势图谱

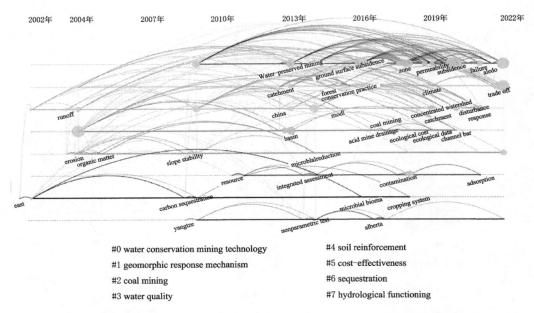

#0 water conservation mining technology
#1 geomorphic response mechanism
#2 coal mining
#3 water quality
#4 soil reinforcement
#5 cost-effectiveness
#6 sequestration
#7 hydrological functioning

图 4-25 "保水采煤＋保水开采"Web of Science 数据库关键词时间线图

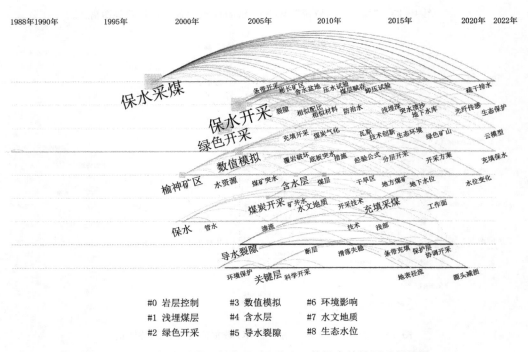

#0 岩层控制   #3 数值模拟   #6 环境影响
#1 浅埋煤层   #4 含水层   #7 水文地质
#2 绿色开采   #5 导水裂隙   #8 生态水位

图 4-26 "保水采煤＋保水开采"CNKI 数据库关键词时间线图

从以上 4 种文献数据趋势分析结果来看，研究主题在不停地发生着变化及更替，近年来围绕煤炭、水资源协同开发方面，重点以水-能耦合关系、资源开发环境影响展开，资源开发强度、资源利用能效、能源消费总量、地下水水质、高质量发展逐渐成为领域新兴热点问题有待进一步深入研究。需要指出的是，经过多年的发展并在先进技术加持下，西部矿区保水采煤技术已经由理论研究阶段逐步向技术实践阶段转变，在理论创新不断推动技术革新的过程中，环境保护指标及资源开发方式逐渐成为新兴研究热点，如生态控制水位、废弃物资源化利用、矿井水处理工艺、充填开采技术等。随着资源开发技术不断发展，煤炭开采逐渐向智能化、绿色化推进，以降低采煤环境影响为目标的煤炭-水资源协调开发方面也必将涌现更多的研究成果。

基于知识图谱可视化分析获取影响因子结果（部分）见表 4 - 5。

表 4 - 5　　　　　　　基于知识图谱可视化分析获取影响因子结果（部分）

数据库	文献数	影　响　因　子
CNKI	2484	含水层性质、隔水层性质、水文地质条件、地裂缝、导水裂隙高度、地表沉降、矿井涌水量、地质构造、覆岩岩性及结构、煤层厚度、受影响人数开采高度、事故发生次数等
Web Of Science	2978	煤层参数、土壤性质参数、矿井水水质、地下水位下降、植被盖度、降水、蒸发、采煤方法、矿井水利用、煤炭储量等

4.2.2　基于已有研究成果的研读梳理

领域内专家学者的已有研究成果对本研究影响因子获取环节具有重要作用，领域内具有高影响力的权威著作，特别是院士、行业专家的文章往往是特定阶段下研究领域最新成果的深刻总结，凝结着大量学科知识的结晶，其知识体系背后蕴藏的关键点往往是理论与实践的交叉点，可能是引领未来研究的风向标，深入研究其著作文献，也是本次研究获取影响因子的重要方式之一。

本次研究重点围绕呼吉尔特矿区、保水采煤、煤炭-水资源协调共采等方面开展，在文献研读过程中应总结研究区资源开发现状，了解现有理论技术在研究区的实践情况，同时把握矿区煤炭-水资源协调开发过程中的关键问题。

通过对已有文献的梳理研读，发现目前呼吉尔特矿区煤炭资源开采的研究成果，重点围绕两个方面，一方面集中于中深埋煤层开采引发的顶板灾害方面的研究；另一方面是呼吉尔特矿区特殊沉积条件下涌水量特征方面的研究。上述两个研究内容是呼吉尔特矿区煤炭开发过程中产生的实际问题，尽管这两个问题属于不同的研究领域，但是其改进措施中依然存在一定的共同之处——通过调整采煤方法、工作面参数、工作面推进速度等方式来缓解或避免矿井水害对煤矿正常工作的影响。而针对研究区煤炭-水资源协调共采的研究成果，除了集中于矿井涌水量产生根源外，也向采煤驱动下生态脆弱区植被演化规律及生态恢复方面聚集。

针对于呼吉尔特矿区资源开发存在的现实问题及矿区煤炭-水资源协调共采研究方向，本次研究将矿井水害、植被盖度、矿区生态修复等关键研究内容作为本次研究影响因子获取的重要来源，从产生问题的根本原因开始梳理，直至典型问题的解决措施，从中获取呼吉尔特矿区煤炭-水资源协调共采综合效益的影响因子，如矿井顶底板水害、地层应力状态、百万吨死亡率、植被覆盖率、塌陷土地治理、采煤方法、工作面参数、土壤性质参数、水资源量、工作面推进速度等。

4.2.3　基于现行法律规范的总结归纳

国家标准与行业规范是国家或者行业对于特定工作的行为规范或技术要求，其规定的内容基本涵盖了煤炭资源开发的各个方面，是已经经过实践验证的较为成熟的技术或方法，被行业及学界所认可。因此，基于现行标准规范所表述的内容，研究分析其背后的理论知识，从中获取影响因子也成为本书影响因子获取的重要方式。

标准规范对某些特征指标有明确的描述，如矿床水文地质条件、煤层埋深及倾角、煤层稳定性等，同时也对其关联指标同样进行了界定，例如从含水层富水性、补给条件、岩体岩性及构造等多方面描述矿床水文地质条件。基于国家标准、行业规范对某些特征指标的描述与等级划分，不难从中获取并掌握一些指标概念意义及不同指标间的关联关系，进而筛选影响煤炭-水资源协调共采综合效益的重要影响因子，部分影响因子获取来源见表 4－6。

表 4 - 6　　　　　　　　基于现行规范标准获取影响因子结果（部分）

序号	标　准　规　范	影　响　因　子
1	《冲击地压测定、监测与防治方法　第14部分：顶板水压致裂防治方法》（GB/T 25217.14—2020）	地层应力状态
2	《矿区水文地质工程地质勘查规范》（GB/T 12719—2021）	水文地质条件、含水层性质
3	《煤矿回采率计算方法及要求》（GB/T 31089—2014）	回采率
4	《清洁生产标准　煤炭采选业》（HJ 446—2008）	矿井水利用率
5	《煤炭工业矿井设计规范》（GB 50215—2015）	采煤方法及开采工艺、煤炭储量、顶板管理方式
6	《煤矿床水文地质、工程地质及环境地质勘查评价标准》（MT/T 1091—2008）	地质条件及构造分布
7	《井工煤矿地质类型划分》（MT/T 1197—2020）	煤层参数（埋深、倾角等）
8	《矿山地质环境保护与恢复治理方案编制规范》（DZ/T 0223—2011）	地形地貌、导水裂隙带发育高度、采空区形态尺寸
9	《地质灾害危险性评估规范》（DZ/T 0286—2015）	地表沉陷、地裂缝
10	《煤矿采区域工作面水文地质条件分类》（GB/T 22205—2008）	工作面参数、矿井顶底板水害

4.3　影响因素总结归纳

　　基于前文筛选及影响因子分析，发现影响煤炭-水资源协调共采综合效益的因素众多，关键词涵盖地质、资源、采动、生态、灾害、经济等多学科领域，同时关键词所属研究内容可能处于煤炭-水资源协调共采生命周期某一阶段，也可能跨越生命周期中的多个阶段。

　　从煤炭资源角度来看，在已有分析结果中具备明显关联特征的关键词有：煤炭储量、煤层参数、覆岩岩性、地层组合结构、地层应力状态、地质构造、地形地貌等，以上关键词描述了煤炭资源原生载体与客观赋存条件；采煤方法、开采工艺、工作面参数、顶板管理方式、工作面推进程度、开采厚度、开采深度、回采速度或工作面推进速度、资源回采率、导水裂隙高度、采空区形态等，以上因素是影响煤炭开采效率的重要影响因素；而从煤矿安全生产方面来看，相关关键词有百万吨死亡率、事故发生次数、受影响人数、顶底板水害、覆岩沉降、地裂缝、采空区失稳等。

从水资源角度来看，已有分析结果中重要关键词有：区域水文地质条件、含水层、隔水层等，以上关键词与地下水补给-径流-排泄过程有关；水资源量、降水量、蒸发量、矿井涌水量等，以上关键词从不同角度来描述水资源"量"的特征；潜水矿化度、矿井水水质、工业生活污废水等，用于描述水资源"质"的特征；矿井水利用率、土壤含水率、生态水位、浅部水位降幅等，用以描述水资源在工业、农业及生态方面的利用能效。

从生态环境角度来看，植被覆盖率、土壤侵蚀、沙漠化、土壤盐化、土壤理化性质、塌陷土地治理、煤矸石资源化、生态修复成本可以归为采煤影响下生态环境变化的表征指标或恢复路径。另外从资源开发社会经济效益来看，主题关键词有国民经济、万元 GDP 能耗、项目公众支持、全固定资产增长率、经济贡献率、投资回报率、全员工效、煤炭城市城镇化水平、废弃空间利用率等，以上关键词归为资源开发所带来的社会经济效益重要指示因子。

综上，本书基于上述 3 种方式，针对呼吉尔特矿区煤炭-水资源协同开发问题，涉及煤矿规划设计直至闭坑全过程，包含地质、资源、采矿、灾害、经济等多个方面，共选定影响因子 46 个。

4.4　煤炭-水资源协调共采综合效益影响指标体系构建

4.4.1　指标体系构建原则

研究提升煤炭-水资源协调共采综合效益，需要构建起指标体系，使得分属于不同学科领域的关键指标在统一的框架下进行研究。考虑到指标选取的质量在一定程度上会影响评价过程的科学性及规范性，甚至影响最终评价结果，为保证指标体系有效反映综合效益各方面因素本质特征，需要对指标选取所应遵循的原则进行说明，从而保障煤炭-水资源协调共采影响因素评价结果的可行性。

1. 科学性原则

科学性原则是指标选取的基本原则。在客观反映煤矿规划设计、建设开采、闭坑整治全生命周期前提下，指标的选取必须能够完整反映煤炭-水资源协同开发整个过程，并且与地区产业发展的目标相契合，既能准确描述煤矿资源开发水平，又能综合考察生产节水能力，同时关注区域生态环境变化。此外，考虑到社会经济、生态环境必将随着时代发展产生一定的变化，资源开发方式也将产生革新，相关指标也必将随之发生改变，因此要立足长远，保证指标获取方式、指标界定方法、权重计算思路等过程在科学可靠的基础上具有相应的理论依据。

2. 系统性原则

系统性原则是指标选取的首要原则。煤炭-水资源协同开发是一种人类对地质环境系统的强扰动过程，其研究内容涵盖地质、资源、采动、防灾、生态、经济、社会等多学科，资源开发在促进地区经济发展的同时，也将对区域生态环境、外来人口流动、地方产业布局、城镇化建设产生一定影响。因此指标选取应当遵守系统性原则，从时间维度，充分考虑煤炭-水资源协调共采生命周期全过程的关键影响因素；从空间维度，既考虑地下的煤炭资源，同时兼顾地下水资源、地表生态环境以及城镇社会发展等多方面，以此来确保指标所含信息的全面性及系统性。

3. 可实现性原则

可实现性原则是指标选取的重要原则。指标可以分为定性指标和定量指标，为保证指标在部分内容中的代表性，难免选用一些定性指标，但是在指标设置时，尽量减少定性指标，尽可能选择能够通过实际数据进行量化的定量指标，对于无法利用数据进行量化的定性指标以专家打分的方式进行量化，或者将全部指标以专家打分的方式进行处理，使得指标间存在可比性。尽量避免设置难以获取、含义不清的指标，以此增强指标选取的可操作性及后续评价的可实现性。

4.4.2　指标体系类别划分方法

考虑到综合效益影响因素繁杂且涉及多个学科领域，直接将关键因素用于后续的研究分析，不利于挖掘煤炭-水资源协调共采综合效益提高的内在因素，因此有必要将不同专业的相关关键词进行整合分类，进一步用于计算分析。而资源开发工程是一个关系到自然资源与社会经济的复合系统，采煤给社会带来经济利益的同时，一方面对采煤区地质环境进行了改造；另一方面使得区域资源储量发生了变化，同时地区生态环境也因此受到了影响，同时在资源开发过程中产生的灾害问题也不容忽视。

在指标体系类别划分方面，由欧洲环境署（European Environment Agency，EEA）于 1993 年提出的驱动力（Driving force）-压力（Pressure）-状态（State）-影响（Impact）-响应（Response）DPSIR 模型在研究领域内具有一定的影响力，DPSIR 模型原理如图 4-27 所示。该模型常用于生态环境的概念描述。在该模型中，驱动力因素是指使得环境发生变化的潜在因素；压力因素是指在驱动力作用后直接施加在生态环境上并促使环境发生改变的各种因素，为环境的直接压力因子；状态因素是指在压力因素作用下，生态环境所展现出的各种物理、化学等状态；影响因素是指生态环境所呈现的状态对人类生活所产生的影响；响应因素是指人类为预防、消除、减轻环境负面影响所采取的各种措施。

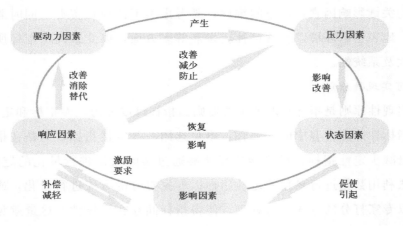

图 4-27　DPSIR 模型原理

在上述理论思想的指导下，针对于煤炭-水资源协调共采影响因素类别划分问题，考虑不同类别因素驱动力、压力、状态、影响、响应关系，本次研究从地质因素、自然因素、采动因素、生态环境因素、煤矿灾害因素、社会经济因素 6 个方面出发，对煤炭-水资源协调共采相关研究内容采取进一步分析。采动因素是产生煤炭-水资源协调共采综合效益的直接驱动力；地质因素、自然因素是采煤驱动下直接受到影响的压力因素；生态环境因素是在压力因素作用下产生最直接反馈的状态因素；社会经济因素则是资源开发对人类社会产生的最典型的影响因素；煤矿灾害因素是资源开发过程中最显著的负面因素，将其作为重要的响应因素。在此基础上，根据指标概念内涵以及作用机理，将不同指标分别划归不同类别。

4.4.3 指标体系构建

正确地识别并评价煤炭-水资源协调共采综合效益影响因素，需要科学客观地构建煤炭-水资源协调共采综合效益影响指标体系。煤炭-水资源协调共采综合效益影响指标体系涵盖多学科、多专业，内容纷繁复杂，综合效益表征指标涉及地质、资源、采动、环境、灾害、经济等多方面，是一个较为复杂的巨系统。当前针对于煤炭-水资源协调共采综合效益影响指标体系并没有明确的导则标准可以参照，指标比选存在一定的模糊性和不确定性，同时在指标量化标准方面也没有形成规范化参考，因此将本章中通过不同方式所提取的关键词，作为综合效益表征指标，同时根据指标作用方式将其划分进煤炭-水资源协调共采生命周期不同阶段，在此基础之上，综合把握指标自身属性及特点划分不同子系统，尽量保证指标分阶段及分类的科学性、客观性。

鉴于目前尚未形成行之有效的煤炭-水资源协调共采影响指标体系和评价标准，无法对煤炭-水资源协调共采程度及实施效果进行科学合理的评价，因此结合呼吉尔特矿区下辖煤矿开发历程中产生的问题，从地质系统、自然系统、采动系统、生态环境系统、煤矿灾害系统、社会经济系统6个方面总结了影响煤炭-水资源协调共采综合效益的指标。

作为煤炭资源赋存的唯一载体，地质要素对综合效益的影响尤为重大，地质系统强调作为煤炭载体的原生属性，包括区域水文地质条件、岩性结构、区域地质及构造分布、地形地貌等方面；而自然系统更加注重煤炭与水的资源特点，从量、质两方面入手，既关注煤炭储量、降水量、蒸发量等，同时也关注潜水矿化度、矿井水水质等方面；采动系统是煤炭开发的关键人为因素，重在突出资源开发所涉及的技术参数及理论方法，如采煤方法、工作面参数、开采参数等；生态环境系统主要包含在采煤影响下生态环境所发生变化的主要因素，如植被覆盖率、土壤性质参数等；煤矿灾害系统从安全生产出发，旨在强调资源开发过程中的灾害因素，如矿井水害等方面；社会经济系统主要研究由资源开发所带来的经济增长或社会效应，如城市化水平、区域经济贡献率、项目公众支持率等。

基于前文对煤炭-水资源协调共采生命周期划分阶段及综合效益影响指标总结、界定结果，结合上述影响因素类别划分思路，确定煤炭-水资源协调共采综合效益影响指标体系，见表 4-7。综合效益影响指标体系包括目标层、准则层及指标层 3 层，其中：目标层是指标体系最高层，即煤炭-水资源协调共采综合效益；准则层是根据影响指标作用方式所划定的类别，包含地质系统、自然系统、采动系统、生态环境系统、煤矿灾害系统及社会经济系统；指标层是每个系统所包含的共计 46 个具体指标。

表 4-7　　　　　　　煤炭-水资源协调共采综合效益影响指标体系

目标层	准则层	指标层		
		规划设计阶段	建设开采阶段	闭坑整治阶段
煤炭-水资源协调共采综合效益 A	地质系统 B1	区域水文地质条件 C1	区域水文地质条件 C1	区域水文地质条件 C1
		覆岩、围岩岩性及组合结构 C2	覆岩、围岩岩性及组合结构 C2	覆岩、围岩岩性及组合结构 C2
			含水层性质 C3	
		含水层性质 C3	隔水层性质 C4	含水层性质 C3
		隔水层性质 C4	煤层赋存参数 C5	地层应力状态 C6
		煤层赋存参数 C5	地层应力状态 C6	
		区域地质及构造分布 C7	区域地质及构造分布 C7	区域地质及构造分布 C7
		地形地貌 C8	地形地貌 C8	地形地貌 C8
	自然系统 B2	水资源量 C9	煤炭储量 C10	降水量 C11
		煤炭储量 C10	降水量 C11	
		降水量 C11	蒸发量 C12	蒸发量 C12
			潜水矿化度 C13	潜水矿化度 C13
		蒸发量 C12	矿井水水质 C14	矿井水水质 C14
	采动系统 B3	导水裂隙带发育高度 C15	采煤方法及开采工艺 C17	
		矿井涌水量 C16	工作面参数 C18	导水裂隙带发育高度 C15
		采煤方法及开采工艺 C17	工作面推进程度 C19	
		工作面参数 C18	开采深度 C20	开采深度 C20
			开采高度 C21	
		工作面推进程度 C19	回采速度或工作面推进速度 C22	
		开采深度 C20	回采率 C23	采空区尺寸及形态 C25
		开采高度 C21	顶板管理方式 C24	
		回采速度或工作面推进速度 C22	采空区尺寸及形态 C25	含（隔）水层修复方案 C26
			含（隔）水层修复方案 C26	
	生态环境系统 B4	土壤性质参数 C27	土壤性质参数 C27	土壤性质参数 C27
			地表沉陷 C28	地裂缝 C29

续表

目标层	准则层	指标层		
		规划设计阶段	建设开采阶段	闭坑整治阶段
煤炭-水资源协调共采综合效益 A	生态环境系统 B4	地表沉陷 C28	地裂缝 C29	植被覆盖率 C30
		地裂缝 C29	植被覆盖率 C30	塌陷土地治理率 C32
		植被覆盖率 C30	生活及工业废水处理率 C31	废弃井巷利用率 C33
			废弃井巷利用率 C33	浅部地下水位及降幅 C34
		浅部地下水位及降幅 C34	浅部地下水位及降幅 C34	
	煤矿灾害系统 B5	百万吨死亡率 C35	百万吨死亡率 C35	百万吨死亡率 C35
		事故发生次数 C36	事故发生次数 C36	事故发生次数 C36
		受影响人数 C37	受影响人数 C37	受影响人数 C37
		矿井顶、底板水害 C38	矿井顶、底板水害 C38	矿井顶、底板水害 C38
	社会经济系统 B6	全员工效 C39	全员工效 C39	矿井水利用率 C40
		万元 GDP 能耗 C41	矿井水利用率 C40	城市化水平 C42
		项目公众支持率 C43	万元 GDP 能耗 C41	项目公众支持率 C43
		成本费用收益率 C44	成本费用收益率 C44	生态修复成本 C46
			区域经济贡献率 C45	

4.5 采煤驱动下相关影响因子响应关系

从煤炭资源开发过程中水资源、生态环境所暴露出的诸多问题来看，资源开发在保障安全生产的前提下，追求经济效益最大化是提高地区综合实力的重要途径。但是，从长远来看区域生态水平、水资源利用效率的降低，从某种程度来说不利于产业升级与发展转型，更有碍于资源型城市经济社会等各项事业的可持续发展。而煤炭-水资源协调共采就是将煤炭资源与采煤过程中出现的水资源当作同等重要的资源加以利用，对于富煤贫水的呼吉尔特矿区，其内涵进一步引申为在保障国家能源安全稳定的前提下，在区域水资源可承受范围内，以地区生态稳定为底线的煤炭资源可开采强度。随着资源开发理论体系不断健全，煤炭开采技术水平不断提升，针对采煤影响下水资源、生态环境演化机制的相关研究更加深入，不同影响指标间相互作用关系的研究对引导煤炭-水资源协调开采综合效益的提高具有重要意义。

通过对领域内高影响力的文献进行研读，将呼吉尔特矿区煤炭-水资源协调开发过程中主要影响指标及相关重点问题进行总结归纳，将其与其他指标间作用关系进行阐述。

1. 矿井涌水量

煤炭开采过程中，由于煤层顶、底板的变形及破坏，地下水会不断地涌入矿井或工作面，当水量突然增大时，容易引发矿井水害。在呼吉尔特矿区已开煤矿中，多数煤矿涌水量偏大，富水系数最高达到 2.14，其原因一方面是采动影响所致；另一方面，也与区域地质构造及沉积过程有关。因此，研究矿井涌水量形成的影响因素，对矿井水害防治及矿井水综合利用具有重要意义。煤炭开采后导水裂隙开始发育，顶、底板含水层受到影响使得含水层水进入井下，此时矿井涌水强度受到含水层富水性及裂隙带所波及含水层厚度共同作用，含水层富水性的强弱将直接影响矿井生产，比如门克庆煤矿北翼顶板含水层富水性局部较强，使得现状矿井涌水量在 $1950 \sim 2000 m^3/h$，需要调整工作方案进行超前分段疏放。矿井涌水量形成的实质，是在垮落带和导水裂隙带范围内发育的直接含水层水涌入采空区，若在直接充水含水层顶部存在隔水性能良好的相对隔水层，可以有效降低上覆含水层对其的补给作用。有学者重点研究神府—东胜矿区已回采工作面的涌水规律，发现在不同水文地质条件下，矿井涌水量变化将呈现不同的特征，如锦界煤矿不同工作面涌水量差值达 $700 m^3/h$，基于此对工作面涌水特征进行总结划分，进而针对不同特征提出水害防治措施。研究区内地势平缓，地面多为第四系萨拉乌苏组松散层及全新统风积沙，渗透性较好，地表形态变化主要受风蚀影响，大气降水入渗是第四系及白垩系含水层重要补给水源。随着含水层埋深的增加，在地应力作用下，裂隙发育逐渐减弱，补给条件差且径流缓慢，对矿井涌水过程造成影响。此外，在煤炭开采过程中，不同的采煤方法、不同的采高设定、不同的回采速度，会使得煤层顶板岩体产生的损伤程度发生差别，导水裂隙发育高度将随之发生改变，进而对涌水量的大小造成影响。

2. 导水裂隙带发育高度

随着煤炭开采的进行，采空区的出现使得地层原生应力平衡状态发生破坏，在地层应力影响下，覆岩发生位移或变形，形成垮落带、裂隙带、弯曲变形带，而导水裂隙带是否沟通充水含水层，成为矿井水害防治的重要内容。覆岩性质及特殊地质构造是产生采动裂隙的原生地质基础；煤层倾角等煤层赋存参数是影响煤层应力分布及破坏形态的关键要素；而在不同的开采工艺下，采动裂隙发育特征也往往不同。有学者研究发现，在关键层控制下，导水裂隙带发育高度随开采高度的增加而迅速增加，此时关键层厚度成为影响导水裂隙带发育高度的关键因素，常以采裂比作为表征指标，呼吉尔特矿区已开 5 座煤矿煤层开采平均采裂比为 22～25，如门克庆煤矿 3－1 煤开采导水裂隙带发育高度平均为126m。在矿山压力作用下，随着开采深度的增加，覆岩破坏程度愈加剧烈，导水裂隙带发育高度也将随之增加。李葳瑞等在考虑覆岩原生裂隙的基础上，利用有限元分析软件 COMSOL Multiphysics 对不同推进程度的工作面导水裂隙带发育高度进行研究，发现在一定条件下，工作面推进程度会对导水裂隙带发育高度产生重要影响，随着工作面推进距离的增加，采动裂隙发育高度随之不断增加；同样，不同的工作面长度会改变上覆岩层的水平变形量，同时覆岩发生破坏后其弹性势能也将发生改变，进而影响导水裂隙带发育高度；通过调整优化工作面推进速度，可以显著降低开采损伤，对导水裂隙带的发育起到一定的抑制作用。

3. 矿井顶、底板水害

在地质运动及沉积作用共同影响下，煤层顶板上普遍沉积中厚层砂岩裂隙、薄层岩溶裂隙、松散空隙含水层，而采掘工作中覆岩冒裂损伤可能会导致顶板突水灾害；同样，采煤过程中底板导水裂隙导通下伏高水压含水层，也具有导致底板突水的风险，因此顶、底板水害防治是煤炭开采过程的重要研究内容。采动裂隙处及富水性较强的含水层是顶板突水发生的重要条件，此时含水层富水性的强弱将直接决定突水的水量及持续时间；开采高度的大小将直接关系到覆岩破坏范围，进而对采动裂隙发展程度造成影响；有学者研究发现，顶板涌水量的大小与工作面推进程度具有明显周期性动态变化规律，其他影响因素还包括煤层倾角、隔水层厚度等。对于底板水害来说，含水层富水性、水压以及渗透性会直接影响底板突水的危险性；地质构造发育可能会形成底板导水通道，煤层埋深在增加的同时，岩体应力也在增加，使得底板岩体破坏更加剧烈，在一定程度上也是水害发生的重要因素；隔水层越厚、隔水性越强，那么其岩体抵抗水压的性能就越好，如门克庆煤矿 2－2 煤 11－2201 工作面顶板隔水层自巷道开口位置向南由 20m 逐渐变为不足 5m，甚至局部地区隔水层缺失，使 2-2 煤开采面临顶板水害威胁；地应力作用下，开采厚度的增加会加剧底板岩体的破坏程度。

4. 地表沉陷

煤炭资源采出后，采区周围岩土体应力平衡状态发生破坏，开始出现位移及变形，其整个过程由于包含地质、采动等多因素共同作用显得十分复杂，在地表上主要表现为塌陷及地裂缝。在乌审旗境内，地表多被第四系风积沙覆盖，同时地表形态变化主要受风力侵蚀影响，因此难以从直观上观察由采煤引起的地面沉陷及地裂缝现象。但是不可否认，地面沉陷及地裂缝的产生，无疑会对区域植被生长环境及地区土壤生态功能造成影响。有研究者认为，覆岩岩性及地表坡度等地形地貌特征是诱发地表沉陷的重要因素。邹友峰等针对采煤沉陷相关问题进行了深入研究，认为煤层厚度、开采深度、采煤方法、工作面参数等指标为沉陷灾害的致灾因子。崔希民等认为，采煤活动引发地表沉降的主要原因与工作面推进速度、顶板管理方式、采空区形态尺寸有关。有学者通过对比采煤前、开采中及稳定后的沉陷区包气带结构特征演化规律，发现塌陷发生后土壤孔隙结构发生变化，从而使得土壤理化性质发生改变。

5. 植被覆盖率

植被覆盖率是区域生态环境水平的最直接表征，也是地区土壤生态的关键指示因子，是研究矿区生态变化的有效指标之一。有学者基于 Landsat 卫星数据及降水、气温等数据对黄河流域采煤区植被指数进行分析，研究发现地表形态是影响区域植被覆盖度的重要因素，其中高程及坡度对植被覆盖度的影响尤为显著。将降水数据与植被覆盖度数据二者建立相关关系，发现风积沙矿区植被覆盖与月降水的相关系数均在 0.6 以上，说明降水量的大小是影响区域植被覆盖度的重要因素。在气温、气压、风速、太阳辐射等因素共同作用下，研究区蒸发量与降水量的比值可达 13.9 倍，但随着埋深的增加，潜水蒸发能力随之减小，并最终趋近于 0，因此潜水位在不同土体中的极限埋深在一定程度上会影响植被生长发育。刘英等基于 Landsat-NDVI 时序数据对采煤区植被盖度演化历程进行分析，发现采煤区土壤含水率等土壤理化性质的变化会对区域植被覆盖度产生影响。水资源是植物生长繁育的重要条件，对于生态脆弱矿区，降水较少，因此浅部地下水位埋深对于植物的生长至关重要，是影响区域植被覆盖度的重要因素，在呼吉尔特矿区生态控制水位维持在 5m 左右。苗霖田等对榆神府矿区煤-岩-水-环特征深入分析，认为采煤引发的沉陷、地裂缝可能会直接损伤植物根系，或者导致地下水位下降，破坏植物生存环境，从而导致区域植被覆盖率降低。在多种因素共同影响下，采煤区矿井水矿化度（Total dissolved solids，TDS）偏高，部分煤矿 TDS 大于 2000mg/L，若不净化处理将其直接排放，将对区域生态环境造成危害，同样来看，若由于采煤活动导致土壤盐碱化，在水循环过程中盐分发生转移，将使得区域潜水矿化度偏高，对周边生态及地表植物产生影响。

除上述 5 个主要元素外，还包括区域经济贡献率、生态修复成本等，其相互影响关系相对简单。从整个分析过程来看，在煤炭资源开发这一系统性工程中，不同影响因素间相关关系比较复杂，同时在某些影响因素间存在一定的因果关系，这种因果关系确实会对影响因子的研究产生一定影响。

第5章 综合效益评价理论与方法

对于干旱少雨、蒸发强烈的生态脆弱矿区来说，实现煤-水协调发展，是一项极为复杂的系统工程，不仅要制定好合适的发展战略，更要结合地区实际情况设置科学的发展目标及研究重点，那么在这个过程中就需要对煤炭-水资源协调共采综合效益影响因素进行评价，从而分析出具体的发展重点与实施路径。因此，应在前文所构建影响指标体系基础之上，利用科学合理的评价手段对相关指标的影响作用进行评价，从而挖掘煤炭-水资源协调共采的重点方向及改进内容。

5.1 权重计算方法

5.1.1 权重计算相关基础知识

目前针对于复杂系统问题的常用指标权重计算方法基本上可以分为两种，主观权重计算方法及客观权重计算方法。主观权重计算方法常以决策者知识储备及实践经验为主要计算依据，具有将不易确定、难以量化的目标量转化为易量化的目标量的特点，同时将决策者对评价对象的决策偏好体现在评价结果中，使定性问题定量化，使其结论简单并且易于使用。而客观权重计算方法主要依靠评价对象关键参数指标的数据数理化特征为主要评价依据，基于大量统计数据，在不引入主观变量条件下，通过相关数据的数理演化特点确定评价对象的权重结果，排除人为因素、风险因素等的干扰，客观反映相对权重水平。

煤炭-水资源协调共采综合效益评价的影响因素众多，同时多种影响因素间存在着复杂的依赖、反馈关系，这会对煤炭-水资源协调共采综合效益准确评价造成一定的困难。客观权重计算方法强调利用数据的数理化特征实现对评价对象的准确评价，但是关键数据中受外部影响产生的特异值、离群值对评价结果

的准确性造成的损害难以估计，同时对于不同指标间相互依赖、反馈关系难以体现，对于定性、定量指标混杂的煤炭-水资源协调共采综合效益影响指标体系来说，使用客观权重计算方法不利于建立统一的评价标准。而在煤炭-水资源协调共采效益评价中，客观因素确实具有重要作用，但是其评价结果中往往存在一定的主观因素，因此本次研究考虑综合评价的深刻内涵，认为以人的认知偏好为基础的主观性思维不可缺少，利用主观权重计算方法对煤炭-水资源协调共采综合效益影响因素进行评价，同时合理利用以数理特征为基础的权重计算方法来保障评价结果的科学性。

5.1.2 主观权重计算方法的特殊局限

常见的主观权重计算方法有专家调查法（德尔菲法）、层次分析法（Analytic Hierarchy Process，AHP）、网络分析法（Analytic Network Process，ANP）、优序图法等。主观权重计算方法虽然能有效地将难以量化的问题具体化、简单化，但是总体来看，其评价过程中虽然尽量考虑不同指标间相互影响作用，但是缺乏对于特定指标间依赖、反馈关系的表达。对于煤炭-水资源协调共采综合效益影响因素来说，某些指标之间确实存在较为强烈的支配与被支配关系，比如在煤炭开采过程中，矿井涌水量与煤层上覆含水层富水性存在支配关系，采煤扰动下，上覆含水层的富水性强弱将在一定程度上决定矿井涌水量的大小，那么含水层富水性的指标权重也将对矿井涌水量的指标权重产生影响。而专家调查法、层次分析法等评价方法无法将这种特殊关系在计算过程及权重结果中表达，为了克服层次分析法不能反映复杂系统内部元素之间特殊的依赖、反馈关系的缺陷，层次分析法发明者 Saaty T L 在层次分析法基础之上提出了网络分析法，在网络分析法计算指标权重过程中，对系统元素与元素集之间的依赖、反馈关系进行了重点研究。

但是需要指出的是，网络分析法在对元素集内部自依赖关系及元素间相对重要性判断时，需要决策者对元素集中的每一个元素来判断元素集中包含它在内的全部元素之间的相对重要性，那么必然会产生一种"相对于甲来比较甲和乙"的特殊比较形式，以及对于元素"甲"自依赖关系的主观判断，这将在一定程度上导致判断结论与元素集赋值过于随意武断，不利于保障评价结果的科学合理性。

5.1.3　尖锥网络分析法及"多锥共底"结构

　　作为煤炭资源开采的子系统，煤炭-水资源协调共采影响因素繁多、作用关系复杂，因此，本书在充分考虑多种因素相关性的基础上，重点把握煤炭-水资源协调共采影响因子间依赖、反馈关系，关注其原发性、过渡性特征，弱化决策者主观判断的随意武断性，利用吉林大学李春好教授提出的尖锥网络分析法（Cone-ANP），构建尖锥网络分析模型，实现对影响因子权重分布的计算，以不同影响因子的权重分布来衡量对煤炭-水资源协调共采综合效益的影响作用。根据影响指标间相互作用关系确立锥顶元素、锥底元素，进而形成尖锥分析结构。含水层富水性在一定程度上决定矿井涌水量的大小，同理可知地质构造及覆岩岩性同样对矿井涌水量大小产生影响，因此可以将矿井涌水量归为锥顶元素，而其他 3 个元素作为锥底元素，共同构成尖锥网络分析结构。

　　在实际系统分析过程中发现，分别处于不同元素集中的元素也可能存在依赖、反馈关系。从尖锥网络分析结构来看较为明显，若某元素集中仅有 1 个内部元素与其他元素存在依赖反馈关系，其分析结构如图 5-1（a）所示；若不同元素集中的元素存在依赖、反馈关系，其分析结构如图 5-1（b）所示，形成"多锥共底"模型。

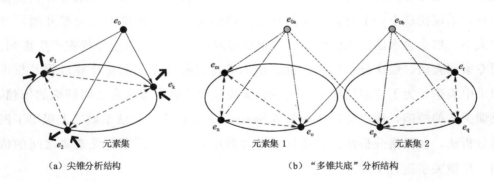

（a）尖锥分析结构　　　　　　　　　（b）"多锥共底"分析结构

图 5-1　尖锥网络分析结构与"多锥共底"模型

　　如图 5-1 所示，尖锥网络分析结构中，e_0 为锥顶元素，e_1、e_2、…，e_q 为锥底元素，底部圆圈表示锥底元素同属于一个元素集；而"多锥共底"分析结构中，e_{0a}、e_{0b} 为锥顶元素，其他元素为锥底元素，分别分属于 2 个元素集。从结构上来看，"多锥共底"模型是以不同元素集的元素间关联机制为基础，形成一种"多棱"锥体结构，强调关键元素与其他元素集所包含元素的关联机制，这将进一步加强各元素集间的联系。从数理特征分析,"多锥共底"模型实质上增加了锥顶元素权重计算的限定条件,当影响因素个数不变的前提下,限定条件的增加势必提升计算的难度,但同时使计算结果更加符合决策者的决策偏好。

5.1.4 权重计算方法及步骤

以下将对权重计算方法进行详细说明,为后续解释方便,分别对锥顶元素以及锥底元素根据其个数制定编号。假设一个尖锥元素集存在 $m+n$ 个指标元素,其中锥顶元素 m 个,锥底元素 n 个。将锥顶元素分别命名为 e_{01}、e_{02}、$\cdots$、e_{0m},而锥底元素命名为 e_1、e_2、$\cdots$、e_n。

首先邀请相关领域专家依据上述锥顶元素以及锥底元素所反映的支配关系,对各锥底元素相对于某个锥顶元素的相对重要性,采用层次分析法中的 $1\sim9$ 度标度法进行打分,在此基础上利用层次分析法中的权重计算方法求得尖锥元素集中各锥底元素相对于某个锥顶元素的相对权重 $\beta_i (i=1, 2, \cdots, m)$,考虑锥底元素个数大于等于3,因此各锥底元素相对锥顶元素的相对权重应当是典型的列向量,该列向量的行数由锥底元素的个数 n 所决定,是一个 n 维列向量。需要注意的是,该列向量中包含全部锥底元素相对于某个锥顶元素的相对权重,根据上一步骤的划分结果,可能存在此锥顶元素对某个锥底元素不存在支配关系,这时与锥顶元素不存在支配关系的锥底元素其相对权重值为 0,而与锥顶元素存在支配关系的锥底元素其相对权重值必不为 0。由此,分别计算各锥底元素相对于每个锥顶元素的相对权重 β_i,则可以得到 m 个列向量 β_1、β_2、$\cdots$、β_m。

将上述列向量联立,可以得到一个矩阵 $\beta=(\beta_1, \beta_2, \cdots, \beta_m)$,该矩阵为 n 行 m 列矩阵,该矩阵具有一定特征。在此矩阵中,第 j 列($j=1, 2, \cdots, m$)表示各锥底元素相对于锥顶元素 $e_{0i} (i=1, 2, \cdots, n)$ 的相对权重。此时将所有的锥顶元素看成一个整体的锥顶元素 e_0,第 i 行($i=1, 2, \cdots, m$)之和表示某锥底元素相对于锥顶元素 e_0 的相对权重。该矩阵称为锥底元素对锥顶元素的偏好矩阵,在 $t(t=1, 2, \cdots)$ 时刻,锥顶元素的权重可以表示为

$$\omega_0^{(t)}=\omega_{01}^{(t)}+\omega_{02}^{(t)}+\cdots+\omega_{0m}^{(t)} \tag{5-1}$$

对矩阵 β 按行求和并归一化处理得到各锥底元素相对于锥顶元素的综合权重 $\bar{\beta}=(\bar{\beta}_1, \bar{\beta}_2, \cdots, \bar{\beta}_n)^T$,则可得

$$\overline{\beta}_1 + \overline{\beta}_2 + \cdots + \overline{\beta}_n = 1 \tag{5-2}$$

此时，将所有锥顶元素（e_{01}、e_{02}、$\cdots$、e_{0m}）看作一个整体的锥顶元素 e_0，则 e_0 在 t 时刻的权重为 $\omega_0^{(t)} = \omega_{01}^{(t)} + \omega_{02}^{(t)} + \cdots + \omega_{0m}^{(t)}$，此时锥底元素的权重为 $\omega_1^{(t)}$，$\omega_2^{(t)}$，$\cdots$，$\omega_n^{(t)}$，由权重分解原理可知

$$\omega_0^{(t)} = \omega_1^{(t)} + \omega_2^{(t)} + \cdots + \omega_n^{(t)}, \omega_i^{(t)} = \overline{\beta}_i \times \omega_0^{(t)} \tag{5-3}$$

此时 $i = 1, 2, \cdots, n$。

若尖锥元素集中不存在锥顶元素，此时

$$\omega_i^{(t)} = \omega_i^{(t)} \tag{5-4}$$

其中：$t = 1, 2, \cdots$；$i = 1, 2, \cdots, n$。由此可得

$$W^{(t-1)} = BW^{(t-1)}, t = 1, 2, \cdots \tag{5-5}$$

其中 B 为各锥底元素相对于锥顶元素的综合权重矩阵，W 为将全体锥顶元素看作整体情况下，不同 t 时刻的全体锥顶元素整体权重矩阵。B 矩阵是由各锥底元素相对于锥顶元素的综合权重 $\overline{\beta}$ 矩阵扩展而来。需要说明的是，若尖锥元素集中不存在锥顶元素且元素集内部元素不受其他锥顶元素支配时，矩阵 B 将退化为阶数为 n 的单位矩阵。

$$B = \begin{bmatrix} \overline{\beta}_1 & \overline{\beta}_1 & \cdots & \overline{\beta}_1 \\ \overline{\beta}_2 & \overline{\beta}_2 & \cdots & \overline{\beta}_2 \\ \cdots & \cdots & \cdots & \cdots \\ \overline{\beta}_n & \overline{\beta}_n & \cdots & \overline{\beta}_n \end{bmatrix}_{nn} \tag{5-6}$$

$W^{(0)}$ 的各权重分量非负且其和为 1。此时得到矩阵 B。需要指出的是，考虑影响因子间相互作用的实际情况，尖锥结构构建过程中，存在某一锥顶元素除对自身所在元素集内部元素具有作用关系外，还可能与其他元素集内部元素存在一定因果关系，此时矩阵 B 的构建将变得复杂也容易混乱，因此，在本次研究中认为，存在支配、反馈关系的影响元素处于同一元素集中。

考虑不同锥底元素之间的相互影响作用，基于此构建判断矩阵。在判断矩阵中，若两锥底元素存在相互作用关系，则在判断矩阵中以"1"来表示；两锥底元素若不存在相互作用关系，则以"0"来表示。据此矩阵获得不同指标元素之间的相互关系，并根据上述不同锥底元素间所确定的关系，进而利用层次分析法权重计算原理，邀请相关领域专家利用 1～9 度标度法对不同锥底元素间相

对重要性进行打分，进一步计算出不同锥底元素间权重分布 A_{1j}，A_{2j}，$\cdots$，A_{nj}，从而整合联立得到矩阵 A。其中

$$A = (A_{1j}, A_{2j}, \cdots, A_{nj}), j = 1, 2, \cdots, n \qquad (5-7)$$

$$A_{ij} = (\alpha_{1j}, \alpha_{2j}, \cdots, \alpha_{nj})^{\mathrm{T}}, i = 1, 2, \cdots, n; j = 1, 2, \cdots, n \qquad (5-8)$$

矩阵 A 所具有的特征为：

（1）矩阵 A 为 n 行 n 列矩阵。

（2）矩阵表示任意两锥底元素的相对重要性，因此矩阵主对角线必全为 0。

（3）若两锥底元素间不存在相互作用关系，该锥底元素对另一锥底元素不存在影响作用，那么其相对权重值 α_{ij} 必为 0；若两锥底元素间存在相互关系，该锥底元素对另一锥底元素存在影响作用，则其相对权重值 α_{ij} 必不为 0（其中 α_{ij} 表示锥底元素 i 对锥底元素 j 的相对权重，$i \neq j$）。

$$A = \begin{bmatrix} \alpha_{11} & \alpha_{12} & \cdots & \alpha_{1n} \\ \alpha_{21} & \alpha_{22} & \cdots & \alpha_{2n} \\ \cdots & \cdots & \cdots & \cdots \\ \alpha_{n1} & \alpha_{n2} & \cdots & \alpha_{nn} \end{bmatrix}_{nn} \qquad (5-9)$$

根据式（5-5），在 $t-1$ 时刻锥底元素权重已知的情况下，考虑各锥底元素在整个尖锥结构内受到所有锥底元素内外部支配关系影响后 t 时刻的权重，根据复合权重综合原理可知

$$\omega_i^{(t)} = \sum_{j=1}^{n} \omega_{ij}^{(t-1)} \alpha_{ij}, (i \neq j, \text{且 } i, j = 1, 2, \cdots, n) t = 1, 2, \cdots \qquad (5-10)$$

由此，可以得到

$$W^{(t)} = A W^{(t-1)}, t = 1, 2, \cdots \qquad (5-11)$$

考虑到式（5-5），将两公式整合，因此可以得到

$$W^{(t)} = A B W^{(t-1)}, t = 1, 2, \cdots \qquad (5-12)$$

若令 $Q = AB$，则可得到

$$W^{(t)} = Q W^{(t-1)}, t = 1, 2, \cdots \qquad (5-13)$$

通过上述分析，矩阵 A 与矩阵 B 各列之和均为 1，属于典型列随机矩阵，因此矩阵 A 与矩阵 B 的乘积矩阵 Q 也为列随机矩阵，并且 $W^{(0)}$ 的各权重分量非负且其和为 1，由此可得

$$W^{(t)} = A(BW)^{(t-1)} = (AB)^2 W^{(t-2)} = (AB)^3 W^{(t-3)} = \cdots = (AB)^t W^{(0)}$$

$$(5-14)$$

对于式（5－14），若 $(AB)^{(+\infty)}$ 存在，则 $W^{(+\infty)}$ 存在且与 $W^{(0)}$ 无关，若 $(AB)^{(+\infty)}$ 存在，则 $W^{(+\infty)}$ 必然震荡收敛。因此，可求得各锥底元素的极限权重为

$$W^{(+\infty)} = (AB)^{(+\infty)} = Q^{(+\infty)} \tag{5-15}$$

根据上面的分析，锥底元素的极限权重即 $W^{(+\infty)}$ 的各个分量权重之和等于1，锥顶元素的权重 $\omega_0^{(t)} = \omega_1^{(t)} + \omega_2^{(t)} + \cdots + \omega_n^{(t)}$，因此可以发现，包括锥顶元素及锥底元素的全部因素最终权重之和必大于1，因此需要对所有元素的最终权重予以归一化处理，由此得到尖锥元素集中全部元素的权重分布结果。

5.1.5　权重计算方法适用性分析

煤炭-水资源协调共采综合效益评价指标体系内部影响因子众多，不同影响因子间存在依赖、反馈关系，因此，权重计算方法的选择应当在准确表达决策者决策偏好的基础上，充分体现某些特殊指标在系统结构中的作用。本书选取目前较为常用同时能够表达元素间相互关系的网络分析法，与尖锥网络分析法计算结果进行对比，从而对尖锥网络分析法对于本书研究内容的适应性进行分析。

假设目前存在 e_{01}、e_{11}、e_{12}、e_{13}、e_{21}、e_{22}、e_{23} 共 7 个指标，其分析结构如图 5－2 所示。其中元素集 1 中 e_{01} 对 e_{11}、e_{12}、e_{13} 存在支配作用，元素集 2 中无锥顶元素，e_{21}、e_{22}、e_{23} 之间存在相互作用关系。假定此时锥顶元素 e_{01} 对元素集 1 内部的 e_{11}、e_{12}、e_{13} 的关系箭线不存在，此时 e_{11}、e_{12}、e_{13}、e_{21}、e_{22}、e_{23} 均不存在自依赖关系，决策者仅需针对每个元素分别与除它以外其他元素进行两两比较判断，基于层次分析法权重计算方法得到权重向量。假设这些元素权重向量结果如矩阵 A_0 所示，则

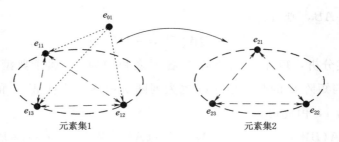

图 5－2　举例网络分析结构

$$
A_0 =
\begin{array}{c}
 \\
e_{11} \\
e_{12} \\
e_{13} \\
e_{21} \\
e_{22} \\
e_{23}
\end{array}
\begin{array}{cccccc}
e_{11} & e_{12} & e_{13} & e_{21} & e_{22} & e_{23}
\end{array}
\begin{bmatrix}
0 & 0.15 & 0.04 & 0.14 & 0.09 & 0.19 \\
0.24 & 0 & 0.16 & 0.31 & 0.29 & 0.25 \\
0.15 & 0.36 & 0 & 0.26 & 0.42 & 0.43 \\
0.21 & 0.26 & 0.14 & 0 & 0.04 & 0.04 \\
0.16 & 0.03 & 0.39 & 0.21 & 0 & 0.09 \\
0.24 & 0.2 & 0.27 & 0.08 & 0.16 & 0
\end{bmatrix}
\tag{5-16}
$$

如果将上述分析结构中的各个元素看作某个随机变量的状态值，各元素的权重排序看作变量的状态概率，则矩阵 A_0 的各个列向量可以看作变量（对应的元素）由某状态向其他状态演变的传递概率向量。更进一步，矩阵 A_0 可以认为是内部元素的传递概率矩阵，具有马尔可夫性。基于此，由马尔可夫随机过程理论可知，各元素极限排序权重向量为

$$[0.1023, 0.1917, 0.2558, 0.1203, 0.1622, 0.1676]^{\mathrm{T}}。$$

1. 当系统结构中不存在锥顶元素

（1）尖锥网络分析法：假设此时分析结构中不存在任何锥顶元素，即不存在元素 e_{01}，那么对于尖锥网络分析法，此时矩阵 B 退化为单位矩阵，即

$$
B = \begin{bmatrix} B_1 & \\ & B_2 \end{bmatrix} = \begin{bmatrix} 1 & & \\ & \ddots & \\ & & 1 \end{bmatrix}_{6 \times 6}
\tag{5-17}
$$

由 $Q = AB = A_0 B$，对矩阵 Q 取极限得各元素极限排序的权重向量为

$$[0.1023, 0.1917, 0.2558, 0.1203, 0.1622, 0.1676]^{\mathrm{T}}。$$

（2）网络分析法：由于上述 6 个元素之间不存在自依赖关系，那么可以根据矩阵 A_0 的权重信息及网络分析法超矩阵构造方法，得到网络分析法超矩阵 A'。由于网络分析法超矩阵 A' 列之和不为 1，因此依据网络分析法对分块矩阵进行等值加权，得到加权超矩阵 A''，即

$$
A'' = \begin{bmatrix}
0 & 0.1471 & 0.1000 & 0.0986 & 0.0563 & 0.1092 \\
0.3077 & 0 & 0.4000 & 0.2183 & 0.1813 & 0.1437 \\
0.1923 & 0.3529 & 0 & 0.1831 & 0.2625 & 0.2471 \\
0.1721 & 0.2653 & 0.0875 & 0 & 0.1000 & 0.1538 \\
0.1311 & 0.0306 & 0.2438 & 0.3621 & 0 & 0.3462 \\
0.1967 & 0.2041 & 0.1688 & 0.1379 & 0.4000 & 0
\end{bmatrix}
\tag{5-18}
$$

对矩阵 A'' 取极限得到各元素极限排序的权重向量为

$$[0.0936, 0.2000, 0.2064, 0.1338, 0.1812, 0.1850]^{\mathrm{T}}。$$

对比尖锥网络分析法与网络分析法计算结果发现，在不存在锥顶元素的情况下，尖锥网络分析法与马尔可夫随机理论得出的权重结果完全一致，而网络分析法在免除元素集自依赖关系影响的基础上，子矩阵分块加权方法同样会导致计算结果与客观结果发生一定程度的偏离。由此，可以基本认为，在不存在锥顶元素的复杂问题综合决策上，尖锥网络分析法具备一定的科学合理性。

2. 当系统结构中存在锥顶元素

（1）尖锥网络分析法：假设此时分析结构中存在 1 个锥顶元素，即元素集 1 中 e_{10} 为锥顶元素，对元素集内部 e_{11}、e_{12}、e_{13} 存在依赖、反馈作用，元素集 2 中不存在锥顶元素。假定锥底元素 e_{11}、e_{12} 和 e_{13} 相对于锥顶元素 e_{10} 的相对权重分别为 $\delta_{11}=\gamma$，$\delta_{12}=\gamma$，$\delta_{13}=1-2\gamma[\gamma \in (0，1)]$，进而得到矩阵 B，即

$$B = \begin{bmatrix} B_1 \\ & B_2 \end{bmatrix} = \begin{bmatrix} \gamma & \gamma & \gamma & 0 & 0 & 0 \\ \gamma & \gamma & \gamma & 0 & 0 & 0 \\ 1-2\gamma & 1-2\gamma & 1-2\gamma & 0 & 0 & 0 \\ 0 & 0 & 0 & 1 & 0 & 0 \\ 0 & 0 & 0 & 0 & 1 & 0 \\ 0 & 0 & 0 & 0 & 0 & 1 \end{bmatrix} \qquad (5-19)$$

此时矩阵 $Q=AB=A_0B$，对矩阵 Q 取极限得到各锥底元素权重分布。由于锥顶元素对锥底元素具有依赖、支配关系，进而得到全体元素的权重分布，此时权重之和必大于 1，将各元素权重归一化得到元素最终权重。

（2）网络分析法：基于上述步骤确定的锥底元素相对于锥顶元素的相对权重，结合矩阵 A_0 及网络分析法超矩阵构造方法，进而确定加权超矩阵 A''，即

$$A'' = \begin{bmatrix} 0 & 0 & 0 & 0 & 0 & 0 & 0 \\ \gamma & 0 & 0.15/0.51 & 0.04/0.20 & 0.14/0.71 & 0.09/0.80 & 0.19/0.87 \\ \gamma & 0.24/0.39 & 0 & 0.16/0.20 & 0.31/0.71 & 0.29/0.80 & 0.25/0.87 \\ 1-2\gamma & 0.15/0.39 & 0.36/0.51 & 0 & 0.26/0.71 & 0.42/0.80 & 0.43/0.87 \\ 0 & 0.21/0.61 & 0.26/0.49 & 0.14/0.80 & 0 & 0.04/0.20 & 0.04/0.13 \\ 0 & 0.16/0.61 & 0.03/0.49 & 0.39/0.80 & 0.21/0.29 & 0 & 0.09/0.13 \\ 0 & 0.24/0.61 & 0.20/0.49 & 0.27/0.80 & 0.08/0.29 & 0.16/0.20 & 0 \end{bmatrix}$$

$$(5-20)$$

对矩阵 A'' 取极限得到各元素极限排序的权重向量。以下将对存在锥顶元素情况下尖锥网络分析法及网络分析法权重计算结果进行对比。

网络分析法元素极限排序权重见表 5-1。

表 5-1　　　　　　　　　　　　网络分析法元素极限排序权重

γ [$\gamma \in (0,1)$]	元素						
	e_{01}	e_{11}	e_{12}	e_{13}	e_{21}	e_{22}	e_{23}
任意值	0	0.0936	0.2000	0.2064	0.1338	0.1812	0.1850

尖锥网络分析法元素极限排序权重见表 5-2。

表 5-2　　　　　　　　　　尖锥网络分析法元素极限排序权重

元素	自变量参数 γ			
	0.1	0.2	0.3	0.4
e_{01}	0.3414	0.3484	0.3558	0.3634
e_{11}	0.0594	0.0609	0.0624	0.064
e_{12}	0.1405	0.1350	0.1293	0.1233
e_{13}	0.1405	0.1526	0.1641	0.1761
e_{21}	0.0644	0.0713	0.0785	0.0860
e_{22}	0.1370	0.1198	0.1020	0.0834
e_{23}	0.1158	0.1120	0.1080	0.1038

通过观察表 5-1、表 5-2 的权重结果，发现两种方法对于同一问题所给出的权重极限排序存在一定差别。与尖锥网络分析法相比，网络分析法不能完全反映参数 γ 对权重计算结果所产生的影响，更重要的是，网络分析法并不能够像尖锥网络分析法那样，反映锥顶元素 e_{10} 在分析结构中的作用，仅给出了锥顶元素 e_{10} 权重值为 "0" 的结果，这与前文描述的元素影响关系明显不符。

综合两种计算情境下，尖锥网络分析法及网络分析法所得权重结果，可以发现尖锥网络分析法具备反映不同影响因子间相互作用关系的特点，其计算结果与马尔可夫随机过程理论所得结果基本一致，可以较好地应用于本研究内容，因此可以认为尖锥网络分析法对于本书的适用性良好。

由于综合效益指标体系定性、定量指标的存在，客观权重计算方法与本书研究内容的适用性偏低；主观权重计算方法中专家咨询法、层次分析法等不能有效分析不同影响因子间相互作用关系，而网络分析法由于"相对于甲比较甲和乙"的主观武断性、元素集自依赖关系判断、超矩阵构造方式、忽略特殊指标对其他指标的支配作用等局限，使得与本次研究的指标体系适用性较差。综合分析应用不同计算原理的权重计算方法，本次研究采用充分考虑指标系统结构且避免主观武断性、随机性的尖锥网络分析法作为权重计算方法。

5.2　煤炭−水资源协调共采综合效益影响因子量化

　　根据第四章节分析结果，煤炭−水资源协调共采综合效益评价指标体系共有 46 个指标，考虑不同生命周期阶段特征，规划设计阶段指标 32 个、建设开采阶段指标 39 个、闭坑整治阶段指标 28 个。为了保障评价结果准确性及评价过程便利性，需要将影响指标体系代入综合评价模型，将各指标量化为评价元素，基于不同元素间相互作用关系，结合权重计算理论公式对其全局权重分布进行计算。

5.2.1　全生命周期评价指标量化

　　综合来看，综合效益评价体系影响因素繁多，且分属于不同专业学科，但是煤炭资源开发过程是人类对自然资源的改造过程，采煤区域属于典型的"经济−社会−资源"复合生态系统，其中分属于不同研究领域的因素间可能存在某种因果关系，因此本次研究采用尖锥网络分析法，通过分析因素间依赖、反馈关系，应用权重分解原理及复合权重综合原理将不同元素间相互因果关系以权重的形式进行表达。

　　存在因果关系的两个因素，从另一个方面来讲，同样存在支配、依赖、反馈关系。元素支配关系的内涵，是为了便于决策者主观判断而对客观系统不同因素内在因果影响关系的反向表达。若元素集 A、B 对元素集 C 具有因果关系，那么在层次分析法/网络分析法中，其关系可以进一步表达为 C 支配 A 或 B，或者以 $C{\rightarrow}A$ 或 $C{\rightarrow}B$ 来表示，从指标比较视角来看，也可以称作 A 与 B 对 C 存在依赖关系。而这种依赖关系，往往存在于元素集之间与同一元素集中不同元素之间，并以单向箭线形式予以表达。当多个元素集或元素之间的箭线形成闭合回路时，那么这些元素集或元素之间可以被称为具有反馈关系。

　　讨论评价元素相互作用关系，绕不开 Saaty T L 对于元素集类型划分的解读，他认为网络分析法分析结构中，用于复杂问题评价决策的元素集基本可以划分为发散性元素集、过渡性元素集、接受性元素集。发散性元素集是指在分析结构中仅有出自它的箭线的元素集；而过渡性元素集是指在分析结构中既有出自它的箭线，也有指向它的箭线的元素集；而接受性元素集是仅有指向它的箭线，不存在出自它的箭线的元素集。Saaty T L 对于元素集类别的划分停留在概念层面，而在网络分析法的具体计算中并没有使用上述概念。同样，对于元素集内部元素的发散性、过渡性、接受性特征对于元素权重计算的影响也缺乏深入的分析与描述。因此，在本次研究评价指标量化过程中，重点挖掘指标结构性特征，从而实现将其与其他因素关联关系具体表达的目的。

5.2.2 综合评价尖锥网络分析结构的构建

分析不同元素集之间与元素集内部不同元素的相互影响关系，是构建尖锥网络分析结构的基础。首先，需要分析每个元素集内部元素之间的依赖、反馈关系，从而判断元素集中是否具有锥顶元素；其次，在此基础上分析元素集内部元素受到其他元素集元素的支配情况，从而推断元素集间的依赖、反馈关系。

基于煤炭-水资源协调共采影响因素分析，统筹呼吉尔特矿区社会、经济、资源多方面因素，结合矿区资源开发过程中产生的关键问题，合理分析影响因子间依赖、反馈关系，基于其关系判定内涵确定 3 个生命周期阶段内，46 个影响指标中共有锥顶元素 9 个。

5.2.3 相对评价信息获取及校核

收集呼吉尔特矿区下辖煤矿相关资料，查阅相关文献，以学界专家、学者研究成果为主要依据，结合理论分析结果，确定煤炭-水资源协调共采不同阶段相关影响因素间的复杂支配关系，同时针对煤矿不同开发阶段特点咨询领域专家、高校学者教授及煤矿一线生产人员，对不同锥顶元素相对于锥底元素的相对重要性、不同锥底元素间相对重要性进行评价打分，以此作为影响因素重要性评价的基础数据。对于指标体系内的定量指标，以其数值特征作为指标权重计算依据；而对于区域水文地质条件、区域地质与构造分布、采煤方法与开采工艺等定性指标，考虑不同煤矿地质环境存在差异，难以统一评价标准，因此本次研究以煤矿地勘报告、设计报告作为评价参考依据。

为保证获取数据的科学准确，因此依据专家打分数据，利用权重分解原理及复合权重综合原理对指标权重进行计算，同时对其权重计算过程进行一致性检验，以一致性检验结果作为评价是否准确的衡量标准，最终将多位专家的评价数据进行梳理综合，进而得到不同指标的最终权重。

5.2.4　全生命周期影响因子权重计算

考虑到呼吉尔特矿区研究范围内共有 6 座煤矿，其中 4 座煤矿现已投产，另外 2 座规划煤矿前期工作程度较低，因此基于现实情况，以现已投产煤矿规划设计时期资料为依托进行规划设计阶段权重计算；以实际生产条件为依据进行建设开采阶段权重计算；同时基于现有技术及设施对其闭坑整治阶段进行权重预测。

根据尖锥网络分析法计算步骤，在整个计算过程中，需要 2 次邀请专家对元素相对重要性进行打分，首先需要专家对尖锥分析网络中锥底元素相对于锥顶元素的相对重要性进行评价，其次需要专家对不同锥底元素之间的相对重要性进行评价，将其评价结果进行一致性检验，检验合格后，用于后续权重计算。邀请专家进行评价时，需要对评价要素构建判断矩阵，基于此任意指标相对重要性进行两两比较，本次研究采用 1～9 级标度法来描述各要素的相对重要性。判断矩阵度标值及其含义见表 5-3。

表 5-3　　　　　　　　　　判断矩阵度标值及其含义

标度值	2 个元素重要程度比较	标度值	2 个元素重要程度比较
1	i 和 j 同等重要	7	i 比 j 强烈重要
3	i 比 j 略重要	9	i 比 j 极端重要
5	i 比 j 明显重要	2、4、6、8	介于上述相邻判断之间，需折中采用

为了进一步展现不同权重计算方法结果的差异，本次研究将利用同一份基础打分数据，分别利用网络分析法、尖锥网络分析法、"多锥共底"模型进行权重计算，并分别分析其权重结果，诠释权重差异背后的内在含义。

第6章　网络分析法及尖锥
网络分析法权重计算

网络分析法是目前考虑指标相互作用关系的常用方法，而尖锥网络分析法是一种在考虑指标关系基础上，更加突出强调部分关键指标对于其他指标影响程度的权重计算方法。为了体现不同权重计算方法对于权重结果的重要影响作用，本章利用相同数据分别计算指标权重，以此体现不同权重计算方法的差异性。

6.1　网络分析法权重计算

6.1.1　规划设计阶段权重计算

基于煤炭-水资源协调共采生命周期阶段性特征及指标分析判别结果，以影响指标作用性质绘制规划设计阶段元素集，见表6-1。规划设计阶段共有32个元素，评价元素中不存在接受性元素，普遍为发散性元素及过渡性元素。在此基础上，邀请领域专家或决策人员对照前文描述指标相互关系，对不同元素之间的相对重要性进行比较判别，求得矩阵 A，基于超矩阵构造方法，得到网络分析法超矩阵 A'。由于网络分析法超矩阵 A' 列之和不为1，因此依据网络分析法对分块矩阵进行等值加权，得到加权超矩阵 A''，最终得到规划设计阶段影响指标权重分布，将指标权重整合分类得到指标系统权重。

表6-1   规划设计阶段元素集

综合效益影响因素	元素编号	综合效益影响因素	元素编号
导水裂隙带发育高度	C15	煤层赋存参数	C5
矿井涌水量	C16	区域地质及构造分布	C7
区域水文地质条件	C1	地形地貌	C8
覆岩、围岩岩性及组合结构	C2	水资源量	C9
含水层性质	C3	煤炭储量	C10
隔水层性质	C4	降水量	C11

续表

综合效益影响因素	元素编号	综合效益影响因素	元素编号
蒸发量	C12	植被覆盖率	C30
采煤方法及开采工艺	C17	浅部地下水位及降幅	C34
工作面参数	C18	百万吨死亡率	C35
工作面推进程度	C19	事故发生次数	C36
开采深度	C20	受影响人数	C37
开采高度	C21	矿井顶、底板水害	C38
回采速度或工作面推进速度	C22	全员工效	C39
土壤性质参数	C27	万元 GDP 能耗	C41
地表沉陷	C28	项目公众支持率	C43
地裂缝	C29	成本费用收益率	C44

网络分析法规划设计阶段系统权重如图 6 - 1 所示。

网络分析法规划设计阶段指标权重如图 6 - 2 所示。

6.1.2　规划设计阶段结果分析

根据网络分析法规划设计阶段影响指标权重结果，从系统层面来

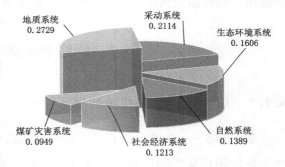

图 6 - 1　网络分析法规划设计阶段系统权重

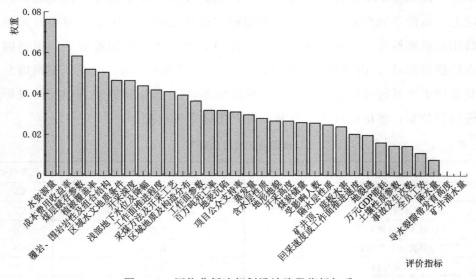

图 6 - 2　网络分析法规划设计阶段指标权重

看，权重结果排在前 3 位的分别为地质系统、采动系统、生态环境系统，权重值合计达到 0.6449。利用网络分析法，规划设计阶段煤炭-水资源协调共采更侧重于优先考虑煤矿煤炭资源原生特征，基于煤层参数及其赋存外部环境，设立或制订相关的煤层开采方案，同时要兼顾地区生态环境，确保采煤活动对区域生态平衡的威胁最小化。

从指标层面来看，权重结果排在前 6 位的指标分别是水资源量、成本费用收益率、煤层赋存参数、植被覆盖率、覆岩围岩岩性及组合结构、区域水文地质条件。根据指标权重结果，规划设计阶段，重点统筹地区资源储量、经济社会发展以及生态环境平衡 3 个方面，以地区水资源量为发展准绳，依托区域煤炭资源优势，带动地区经济发展，在此基础上更要关注采煤活动对地区植被覆盖率等的影响。同时更要查清煤炭资源所在区域的水文地质、赋存参数以及岩性力学特征，为后续高效绿色开发以及安全稳定生产奠定基础。对于呼吉尔特矿区来说，特殊的气候特征造成地区水资源量不充足的事实，那么在矿区产业发展过程中更要关注水资源作为地区经济发展的关键作用，着力降低采煤活动对水资源的破坏作用，同时对于采煤过程中产生的矿井水应当提高综合利用效率，把矿井水作为矿业高质量绿色发展的"后备"水源，以资源保护带动产业发展，以煤炭开发带动经济腾飞，在规划设计阶段综合布局，让资源、环境、经济有机融合，建立科学合理的煤炭开发方案、环境保护机制以及经济发展计划。

6.1.3　建设开采阶段权重计算

建设开采阶段共有 39 个元素，见表 6-2。邀请领域专家、决策人员按照前文描述指标作用关系，对不同锥底元素对于不同元素间的相对重要性进行判断，求得矩阵 A，基于超矩阵构造方法，得到网络分析法超矩阵 A'。由于网络分析法超矩阵 A' 列之和不为 1，因此依据网络分析法对分块矩阵进行等值加权，得到加权超矩阵 A''，最终得到建设开采阶段影响指标权重分布，将指标权重整合分类得到指标系统权重。

网络分析法建设开采阶段系统权重如图 6-3 所示。

表 6 - 2　　　　网络分析法建设开采阶段元素集

综合效益影响因素	元素编号	综合效益影响因素	元素编号
地表沉陷	C28	开采深度	C20
浅部地下水位及降幅	C34	开采高度	C21
矿井顶、底板水害	C38	回采速度或工作面推进速度	C22
区域经济贡献率	C45	回采率	C23
区域水文地质条件	C1	顶板管理方式	C24
覆岩、围岩岩性及组合结构	C2	采空区尺寸及形态	C25
含水层性质	C3	含（隔）水层修复方案	C26
隔水层性质	C4	土壤性质参数	C27
煤层赋存参数	C5	地裂缝	C29
地层应力状态	C6	植被覆盖率	C30
区域地质及构造分布	C7	生活及工业废水处理率	C31
地形地貌	C8	废弃井巷利用率	C33
煤炭储量	C10	百万吨死亡率	C35
降水量	C11	事故发生次数	C36
蒸发量	C12	受影响人数	C37
潜水矿化度	C13	全员工效	C39
矿井水水质	C14	矿井水利用率	C40
采煤方法及开采工艺	C17	万元 GDP 能耗	C41
工作面参数	C18	成本费用收益率	C44
工作面推进程度	C19		

网络分析法建设开采阶段指标权重如图 6-4 所示。

6.1.4　建设开采阶段结果分析

从系统层面来看，网络分析法建设开采阶段排在前 3 位的分别是地质系统、采动系统以及自然系统，权重值合计达到 0.5967。权重结果显示本

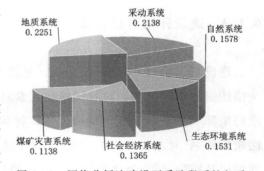

图 6-3　网络分析法建设开采阶段系统权重

阶段应当根据煤矿实际生产情况，进一步加强采煤区地质环境监测，同时在实践中持续优化采煤工艺技术，提高采煤效率，关注地区资源特征建立有效生态环境恢复方案。

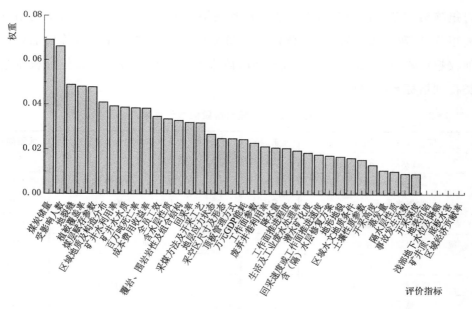

图 6-4　网络分析法建设开采阶段指标权重

从指标层面来看，权重结果排在前 6 位的指标分别是煤炭储量、受影响人数、地裂缝、植被覆盖率、煤层赋存参数、区域地质及构造分布。建设开采阶段，随着采煤工作的推进，煤炭储量发生较大变化，与此同时采煤活动带来的矿井灾害风险逐渐增加。由于特殊的地质环境，矿井水害及冲击地压成为呼吉尔特矿区煤矿灾害防治的重点，因此更要关注煤矿防灾减灾能力建设，使煤矿灾害受影响人数降到最低；由于采煤驱动下地层应力平衡与含水层渗流关系发生改变，应增加对植被覆盖率等生态问题的关注，由于矿区地处毛乌素沙地，地表风积沙覆盖下地裂缝的产生并不明显。在此基础上，呼吉尔特矿区煤炭资源开发也要关注煤层赋存参数以及地质构造分布情况，矿区含煤地层埋藏较深，加之特殊的地质构造成因，使得煤层开采过程中部分煤层受到矿井水害威胁，七里镇砂岩含水层以及真武洞砂岩含水层对于煤矿安全生产产生了一定的影响。综上，在煤矿建设开采阶段，安全生产是首要考虑问题，同时生态环境问题更是不容小觑，在此基础上，更要抓住地质因素这个重要影响因素。

6.1.5　闭坑整治阶段权重计算

闭坑整治阶段共有 28 个元素，见表 6-3。邀请领域专家、决策人员按照前文描述指标作用关系，对不同锥底元素对于不同元素间的相对重要性进行判断，

求得矩阵 A，基于超矩阵构造方法，得到网络分析法超矩阵 A'。由于网络分析法超矩阵 A' 列之和不为 1，因此依据网络分析法对分块矩阵进行等值加权，得到加权超矩阵 A''，最终得到闭坑整治阶段影响指标权重分布，将指标权重整合分类得到指标系统权重。

表 6 – 3　　　　　　　　　网络分析法闭坑整治阶段尖锥元素集

综合效益影响因素	元素编号	综合效益影响因素	元素编号
含水层性质	C3	采空区尺寸及形态	C25
植被覆盖率	C30	含（隔）水层修复方案	C26
生态修复成本	C46	土壤性质参数	C27
区域水文地质条件	C1	地裂缝	C29
覆岩、围岩岩性及组合结构	C2	塌陷土地治理率	C32
地层应力状态	C6	废弃井巷利用率	C33
区域地质及构造分布	C7	浅部地下水位及降幅	C34
地形地貌	C8	百万吨死亡率	C35
降水量	C11	事故发生次数	C36
蒸发量	C12	受影响人数	C37
潜水矿化度	C13	矿井顶、底板水害	C38
矿井水水质	C14	矿井水利用率	C40
导水裂隙带发育高度	C15	城市化水平	C42
开采深度	C20	项目公众支持率	C43

网络分析法闭坑整治阶段系统权重如图 6–5 所示。

网络分析法闭坑整治阶段指标权重如图 6–6 所示。

6.1.6　闭坑整治阶段结果分析

从系统层面来看，网络分析法闭坑整治阶段权重结果排在前 3 位的分别是生态环境系统、地质系统以及采动系统，权重值合计达到 0.5978。采煤工作结束后，煤矿进入闭坑整治阶

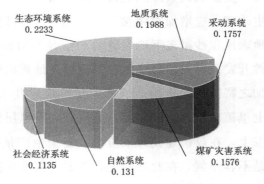

图 6–5　网络分析法闭坑整治阶段系统权重

段，需要对采煤区进行生态环境治理，同时也需要对废弃的工业厂房以及大量地下空间进行综合利用，结合地区产业发展目标以及区域地质环境特征，合理

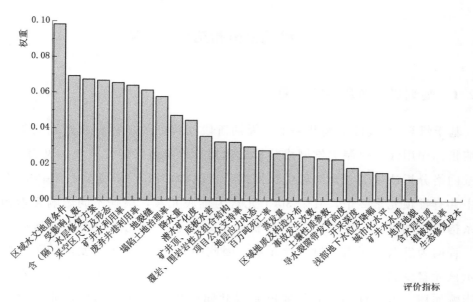

图 6-6 网络分析法闭坑整治阶段指标权重

地设定生态环境修复方案，最大程度地提升区域环境承载能力，努力降低煤矿闭坑后所带来的负面影响。

从指标层面来看，网络分析法权重结果排在前 6 位的指标分别是区域水文地质条件、受影响人数、含（隔）水层修复方案、采空区尺寸及形态、矿井水利用率、废弃井巷利用率。目前呼吉尔特矿区多数煤矿正处于开采阶段，距离煤矿闭坑还有较长一段时间，因此对于煤矿闭坑整治阶段影响指标相对权重的计算以当地资源禀赋特征及产业发展现状进行预测。煤矿采煤工作停止后，需要进行生态环境恢复以及废弃资源综合利用等工作，采煤相关设备撤出矿井后，地下空间应力状态及渗流关系发生改变，因此需要结合采区水文地质条件对含（隔）水层进行修复，并研究采空区的尺寸形态，挖掘地下废弃空间资源综合利用方式，通过工程措施以及非工程措施加强地下空间安全性，避免闭坑煤矿发生次生灾害。对于呼吉尔特矿区来说，更要重视矿井水的高效利用，根据地方产业发展规划，矿区周边将发展大量以煤炭为核心原料的煤化工产业，然而地区水资源赋存量小、煤化工产业耗水量大形成阻碍产业发展的关键矛盾，如果能将矿井水转化并作为生产用水，无疑会为地方产业发展注入新的活力，同时也为资源型城市转型发展提供新的方向。

6.2　尖锥网络分析法权重计算

6.2.1　规划设计阶段权重计算

基于煤炭-水资源协调共采生命周期阶段性特征及指标分析判别结果，以影响指标作用性质绘制尖锥网络分析法规划设计阶段尖锥元素集，见表 6 - 4。尖锥网络分析法规划设计阶段尖锥网络分析结构如图 6 - 7 所示，其中 32 个元素中共有锥顶元素 2 个，其余 30 个元素为锥底元素，根据不同影响元素相互关系构建规划设计阶段尖锥网络分析结构，由于评价元素中不存在接受性元素，普遍为发散性元素及过渡性元素，因此图 6 - 7 中某元素发出的单向箭线表示该元素受到箭头所指元素的支配作用，双向箭线表示两因素之间存在相互影响作用，多个锥底元素与锥顶元素共同形成尖锥立体结构，此时多个锥顶元素节点共处同一平面。在此基础上，邀请领域专家或决策人员对照前文描述指标依赖、反馈关系，对锥底元素相对于不同锥顶元素的相对重要性、不同锥底元素之间的相对重要性进行比较判别，求得矩阵 B、矩阵 A，最终得到规划设计阶段影响指标权重分布，将指标权重整合分类得到指标系统权重。

表 6 - 4　　　　　　　　尖锥网络分析法规划设计阶段尖锥元素集

综合效益影响因素	元素编号	元素类型	综合效益影响因素	元素编号	元素类型
导水裂隙带发育高度	C15	锥顶元素	蒸发量	C12	锥底元素
矿井涌水量	C16	锥顶元素	采煤方法及开采工艺	C17	锥底元素
区域水文地质条件	C1	锥底元素	工作面参数	C18	锥底元素
覆岩、围岩岩性及组合结构	C2	锥底元素	工作面推进程度	C19	锥底元素
含水层性质	C3	锥底元素	开采深度	C20	锥底元素
隔水层性质	C4	锥底元素	开采高度	C21	锥底元素
煤层赋存参数	C5	锥底元素	回采速度或工作面推进速度	C22	锥底元素
区域地质及构造分布	C7	锥底元素	土壤性质参数	C27	锥底元素
地形地貌	C8	锥底元素	地表沉陷	C28	锥底元素
水资源量	C9	锥底元素	地裂缝	C29	锥底元素
煤炭储量	C10	锥底元素	植被覆盖率	C30	锥底元素
降水量	C11	锥底元素	浅部地下水位及降幅	C34	锥底元素

续表

综合效益影响因素	元素编号	元素类型	综合效益影响因素	元素编号	元素类型
百万吨死亡率	C35	锥底元素	全员工效	C39	锥底元素
事故发生次数	C36	锥底元素	万元 GDP 能耗	C41	锥底元素
受影响人数	C37	锥底元素	项目公众支持率	C43	锥底元素
矿井顶、底板水害	C38	锥底元素	成本费用收益率	C44	锥底元素

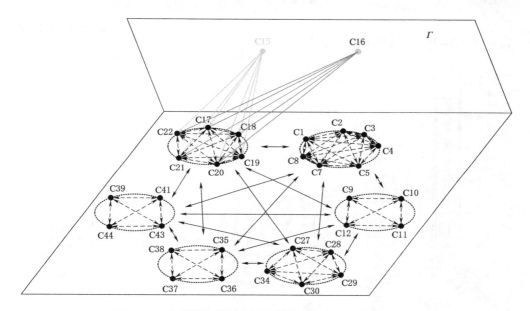

图 6-7　尖锥网络分析法规划设计阶段尖锥网络分析结构

基于专家决策结果，不同锥底元素相对于锥顶元素的权重向量分别为

$$\beta_1 = (0,0.2453,0,0,0.2344,0.2268,0,0.1264,0.0541,0.0365,$$
$$0.0359,0.0164,0.0240)^{\mathrm{T}}.$$

$$\beta_2 = (0.2284,0,0.2302,0.1512,0,0.1393,0.1354,0.0523,0,0,$$
$$0.0236,0.0180,0.0216)^{\mathrm{T}}.$$

将其整合联立，考虑其他元素集结构特征，进而得到矩阵 B。同样，根据锥底元素间相互作用关系，邀请专家对不同锥底元素间的相互作用强度进行判断，对于任意一个锥底元素，对全部受其支配的其他锥底元素，构建判断矩阵，进而得到单一锥底元素相对于其他锥底元素的相对权重分布 A_{1j}、A_{2j}、$\cdots$、A_{nj}，将其联立整合得到矩阵 A。将不同锥底元素的相对权重向量联立得到矩阵 A。

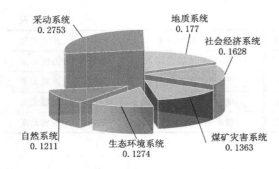

图 6-8 尖锥网络分析法规划设计阶段系统权重

根据权重计算步骤可以得知，$Q=AB$ 即可得矩阵 Q，将矩阵 Q 极限化处理，得到稳态权重向量，进一步得到全体元素的权重分布结果。

尖锥网络分析法规划设计阶段系统权重如图 6-8 所示。

尖锥网络分析法规划设计阶段指标权重如图 6-9 所示。

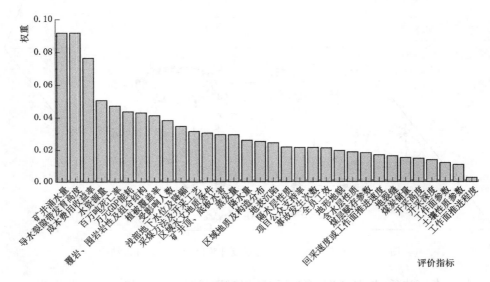

图 6-9 尖锥网络分析法规划设计阶段指标权重

6.2.2 规划设计阶段结果分析

根据尖锥网络分析法规划设计阶段影响指标权重结果，从系统层面来看，权重结果排在前 3 位的分别采动系统、地质系统、社会经济系统，权重值合计达到 0.6151。该阶段煤炭-水资源协调共采侧重于摸清煤矿地层特点及煤层参数，明确煤炭资源开采等相关条件，考虑资源开发的经济效益以及煤矿项目对产业发展产生的影响，从而有针对性地制定资源开发技术方案。

从指标层面来看，权重结果排在前 6 位的指标分别是矿井涌水量、导水裂隙带发育高度、成本费用收益率、水资源量、百万吨死亡率、万元 GDP 能耗。在规划设计阶段，煤炭开采对于地下水系统影响较小，矿井涌水量及导水裂隙的预测模拟是煤矿地质勘察环节的重要工作。对于呼吉尔特矿区所辖煤矿来说，矿井涌水量不仅会影响煤矿开采效率，同时过大的水量也会给矿井排水设备造成较大的压力，而导水裂隙与矿井涌水量存在一定的相关性，若导水裂隙高度越高，破坏含水层越多，那么矿井水量可能随之增加。同样可以想到，越多的矿井水由井下排向地面，排放成本将随之增加；如果矿井水无序排放也将会造成水资源的浪费。对于正在开采的煤矿来说，安全始终是第一位的，而百万吨死亡率就是考核煤矿安全生产的重要指标。此外，还包括煤炭资源开发过程的综合能耗及技术先进程度，以万元 GDP 能耗来衡量。

6.2.3　建设开采阶段权重计算

建设开采阶段 39 个元素中共有锥顶元素 4 个，其余 35 个元素为锥底元素，见表 6-5，根据不同影响元素相互关系构建建设开采阶段尖锥网络分析结构，如图 6-10 所示。邀请领域专家、决策人员按照前文描述指标依赖、反馈关系，对不同锥底元素对于各锥顶元素、不同锥底元素间的相对重要性进行判断，利用权重分解原理、复合权重综合原理等方法求解指标权重，将其整合分类得到系统权重。

表 6-5　　　　　　　　**尖锥网络分析法建设开采阶段尖锥元素集**

综合效益影响因素	元素编号	元素类型	综合效益影响因素	元素编号	元素类型
地表沉陷	C28	锥顶元素	蒸发量	C12	锥底元素
浅部地下水位及降幅	C34	锥顶元素	潜水矿化度	C13	锥底元素
矿井顶、底板水害	C38	锥顶元素	矿井水水质	C14	锥底元素
区域经济贡献率	C45	锥顶元素	采煤方法及开采工艺	C17	锥底元素
区域水文地质条件	C1	锥底元素	工作面参数	C18	锥底元素
覆岩、围岩岩性及组合结构	C2	锥底元素	工作面推进程度	C19	锥底元素
含水层性质	C3	锥底元素	开采深度	C20	锥底元素
隔水层性质	C4	锥底元素	开采高度	C21	锥底元素
煤层赋存参数	C5	锥底元素	回采速度或工作面推进速度	C22	锥底元素
地层应力状态	C6	锥底元素	回采率	C23	锥底元素
区域地质及构造分布	C7	锥底元素	顶板管理方式	C24	锥底元素
地形地貌	C8	锥底元素	采空区尺寸及形态	C25	锥底元素
煤炭储量	C10	锥底元素	含（隔）水层修复方案	C26	锥底元素
降水量	C11	锥底元素	土壤性质参数	C27	锥底元素

续表

综合效益影响因素	元素编号	元素类型	综合效益影响因素	元素编号	元素类型
地裂缝	C29	锥底元素	受影响人数	C37	锥底元素
植被覆盖率	C30	锥底元素	全员工效	C39	锥底元素
生活及工业废水处理率	C31	锥底元素	矿井水利用率	C40	锥底元素
废弃井巷利用率	C33	锥底元素	万元 GDP 能耗	C41	锥底元素
百万吨死亡率	C35	锥底元素	成本费用收益率	C44	锥底元素
事故发生次数	C36	锥底元素			

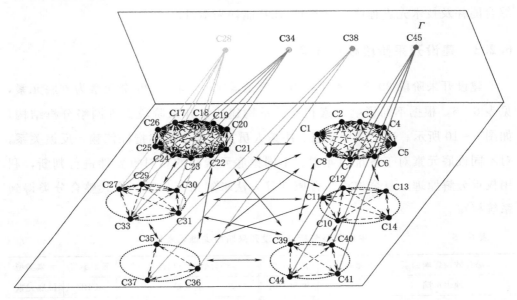

图 6-10　尖锥网络分析法建设开采阶段尖锥网络分析结构

　　基于专家决策结果，不同锥底元素相对于锥顶元素的权重向量分别为

$\beta_1 = (0, 0.1378, 0, 0, 0, 0.0409, 0, 0.0451, 0, 0, 0, 0, 0, 0, 0.1704, 0.1259, 0, 0.1162,$

$\quad 0.0882, 0.0863, 0, 0.0640, 0.0851, 0, 0.0438, 0, 0, 0, 0, 0, 0, 0, 0, 0, 0, 0)^T$。

$\beta_2 = (0.1475, 0, 0, 0, 0, 0, 0, 0, 0, 0, 0.2603, 0.3853, 0, 0, 0, 0, 0, 0, 0, 0, 0, 0, 0, 0, 0, 0, 0,$

$\quad 0.1151, 0.0918, 0, 0, 0, 0, 0, 0, 0, 0)^T$。

$\beta_3 = (0, 0, 0.1811, 0.1350, 0.2100, 0, 0.2500, 0, 0, 0, 0, 0, 0, 0, 0, 0.0933, 0,$

$\quad 0.1306, 0, 0, 0, 0, 0, 0, 0, 0, 0, 0, 0, 0, 0, 0, 0, 0, 0)^T$。

$\beta_4 = (0, 0, 0, 0, 0, 0, 0, 0, 0, 0.1717, 0, 0, 0.0309, 0.0334, 0, 0, 0, 0, 0, 0.1084, 0, 0,$

$\quad 0.0477, 0, 0, 0, 0.0411, 0.0423, 0.1002, 0.1002, 0.1002, 0.0732, 0.0441,$

$\quad 0.0408, 0.0626)^T$。

将其整合联立，考虑其他元素集结构特征，进而得到矩阵 B。

在此基础上，根据锥底元素间相互作用关系，邀请专家对不同锥底元素间的相互作用强度进行判断，对于任意一个锥底元素，对全部受其支配的其他锥底元素，构建判断矩阵，利用权重分解原理、复合权重综合原理等方法求解权重，进而得到单一锥底元素相对于其他锥底元素的相对权重分布 A_{1j}、A_{2j}、…、A_{nj}，将其联立整合得到矩阵 A。将不同锥底元素的相对权重向量联立得到矩阵 A。

根据权重计算步骤可以得知，$Q = AB$ 即可得矩阵 Q，将矩阵 Q 极限化处理，得到稳态权重向量，进一步得到全体元素的权重分布结果。

尖锥网络分析法建设开采阶段系统权重如图 6-11 所示。

尖锥网络分析法建设开采阶段指标权重如图 6-12 所示。

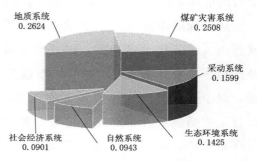

图 6-11　尖锥网络分析法建设开采阶段系统权重

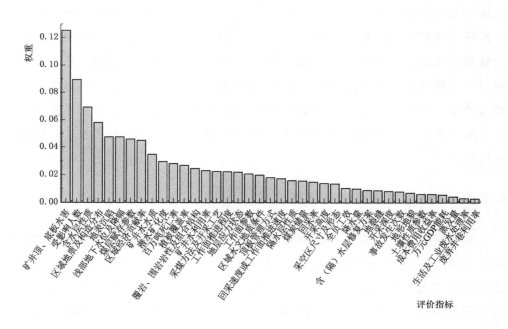

图 6-12　尖锥网络分析法建设开采阶段指标权重

6.2.4　建设开采阶段结果分析

从系统层面来看，建设开采阶段权重结果排在前 3 位的分别是地质系统、煤矿灾害系统以及采动系统，权重值合计达到 0.6731。煤矿进入建设阶段后，相关工程开始推进，区域地下水系统开始受到影响，而这种影响将在煤矿进入生产阶段达到一定的峰值。因此，围绕煤层所处地质环境在保障煤矿安全稳定运行的前提下进行高效开采是当前的重要任务。

从指标层面来看，权重结果排在前 6 位的指标分别是矿井顶底板水害、受影响人数、含水层性质、区域地质及构造分布、地表沉陷、浅部地下水位及降幅。建设开采阶段，建井工作以及开采工作无疑会对地下水系统产生扰动，对于这阶段的煤炭资源开发工作，还应在重视采煤综合效益的基础上，通过工程措施或者非工程措施来保障煤矿的安全生产运行，对于呼吉尔特矿区煤矿来说，煤层顶板地层较高的水压会对煤矿的安全生产产生重要影响，应加强矿井水害的防范能力以及减灾能力的建设，使受影响人数达到最小。同时关注采区生态环境变化情况，加强监测采区地表沉陷等情况，更要对浅部地下水位变化情况加以观测，研究采煤活动对地下水系统的影响作用。对于矿区内煤矿来说，影响煤炭开采的两大根本问题，一个是冲击地压；另一个就是矿井水。矿井水量大、难利用是目前所遇到的实际问题，那么在煤矿建设开采阶段，就应当加强含水层与地质构造的监测与研究，摸清含水层的相关性质，采用某些方法或措施予以改善或者优化，比如针对七里镇砂岩水压大的问题，采用超前预疏放等方法解决，切实提高煤矿生产效率，降低安全风险。

6.2.5　闭坑整治阶段权重计算

闭坑整治阶段 28 个元素中有锥顶元素 3 个，其余 25 个元素为锥底元素，见表 6-6，基于锥顶元素与锥底元素、不同锥底元素间相互关系构建尖锥网络分析结构，如图 6-13 所示，邀请领域专家或决策人员对照指标相互作用关系进行打分，进而得到矩阵 B、矩阵 A，进而求解全体指标权重。

表 6 - 6　　　　　　　　尖锥网络分析法闭坑整治阶段尖锥元素集

综合效益影响因素	元素编号	元素类型	综合效益影响因素	元素编号	元素类型
含水层性质	C3	锥顶元素	采空区尺寸及形态	C25	锥底元素
植被覆盖率	C30	锥顶元素	含（隔）水层修复方案	C26	锥底元素
生态修复成本	C46	锥顶元素	土壤性质参数	C27	锥底元素
区域水文地质条件	C1	锥底元素	地裂缝	C29	锥底元素
覆岩、围岩岩性及组合结构	C2	锥底元素	塌陷土地治理率	C32	锥底元素
地层应力状态	C6	锥底元素	废弃井巷利用率	C33	锥底元素
区域地质及构造分布	C7	锥底元素	浅部地下水位及降幅	C34	锥底元素
地形地貌	C8	锥底元素	百万吨死亡率	C35	锥底元素
降水量	C11	锥底元素	事故发生次数	C36	锥底元素
蒸发量	C12	锥底元素	受影响人数	C37	锥底元素
潜水矿化度	C13	锥底元素	矿井顶、底板水害	C38	锥底元素
矿井水水质	C14	锥底元素	矿井水利用率	C40	锥底元素
导水裂隙带发育高度	C15	锥底元素	城市化水平	C42	锥底元素
开采深度	C20	锥底元素	项目公众支持率	C43	锥底元素

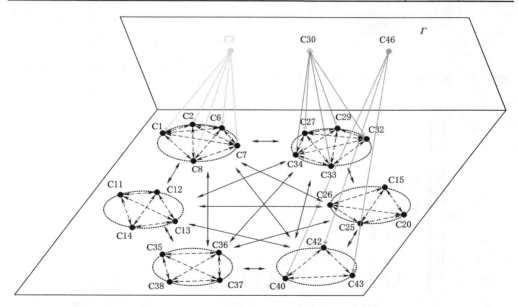

图 6 - 13　尖锥网络分析法闭坑整治阶段尖锥网络分析结构

基于专家决策结果，不同锥底元素相对于锥顶元素的权重向量分别为
$$\beta_1 = (0.1339, 0.0432, 0, 0.1522, 0, 0, 0, 0.6707, 0, 0, 0, 0, 0, 0, 0, 0, 0, 0, 0, 0,$$
$$0, 0, 0, 0, 0, 0)^{\mathrm{T}}.$$

$\beta_2 = (0,0,0,0,0.0357,0.0493,0.0555,0.1156,0,0.1370,0.1491,0,0,0.4578,$

$0,0,0,0,0,0,0,0,0,0,0)^T$。

$\beta_3 = (0,0.0192,0.0236,0,0,0.453,0,0,0.0368,0.0527,0.0643,0.0936,$

$0.0789,0.1366,0.1157,0.1351,0.1982,0,0,0,0,0,0,0,0)^T$。

将其整合联立，考虑其他元素集结构特征，进而得到矩阵 B。

在此基础上，根据锥底元素间相互作用关系，邀请专家对不同锥底元素间的相互作用强度进行判断，对于任意一个锥底元素，对全部受其支配的其他锥底元素，构建判断矩阵，利用权重分解原理、复合权重综合原理等方法求解权重，进而得到单一锥底元素相对于其他锥底元素的相对权重分布 A_{1j}、A_{2j}、…、A_{nj}，将其联立整合得到矩阵 A。将不同锥底元素的相对权重向量联立得到矩阵 A。

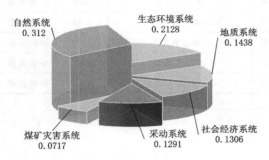

图 6-14 尖锥网络分析法闭坑整治阶段系统权重

根据权重计算步骤可以得知，$Q=AB$ 即可得矩阵 Q，将矩阵 Q 极限化处理，得到稳态权重向量，进一步得到全体元素的权重分布结果。

尖锥网络分析法闭坑整治阶段系统权重如图 6-14 所示。

尖锥网络分析法闭坑整治阶段指标权重如图 6-15 所示。

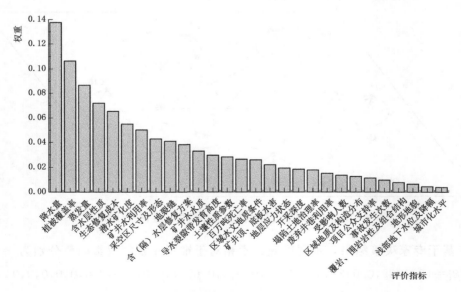

图 6-15 尖锥网络分析法闭坑整治阶段指标权重

6.2.6　闭坑整治阶段结果分析

从系统层面来看，尖锥网络分析法闭坑整治阶段权重结果排在前 3 位的分别是自然系统、生态环境系统以及地质系统，权重值合计达到 0.6686。对于即将闭坑的煤矿来说，资源开发已经不是当前的重点，其重点在于修复生态环境，消除煤炭资源开发对于当地生态环境的不利影响，以及废弃资源如何绿色高效地综合利用、避免次生灾害的发生。

从指标层面来看，权重结果排在前 6 位的指标分别是降水量、植被覆盖率、蒸发量、含水层性质、生态修复成本、潜水矿化度。对于呼吉尔特矿区煤矿来说，地表多为风积沙覆盖，生态修复以及成本投入的效果难以表征，但是可以从地表水系、湖泊等方面的保护能力加以衡量，受制于特殊的气候条件，矿区浅部地下水系统主要补给来源是降水，而数倍于降水量的蒸发量会使得区域整体显得水资源较为缺乏，会间接地影响整个生态修复成本费用。此外，植被覆盖率作为直接表征区域生态水平的关键因素需要重视。随着井下排水设备的撤出，地下水位将不断上升，并最终与顶板含水层相互融合，受此影响，地下水水质及其他性质发生变化；此外，采煤设备的撤出也产生大量井下废弃空间，而这些空间可以用于储存、净水等相关工作，能够极大地提高闭坑煤矿废弃资源综合利用效率，从而进一步发挥煤矿剩余价值。

第7章 "多锥共底"模型权重计算及效益评价

相较于网络分析法、尖锥网络分析法，"多锥共底"模型不仅关注特殊影响指标对于其他影响指标的作用程度，还会关注特殊影响指标对于其他元素集内部元素的作用程度，基于这种内部、外部的影响关系计算指标权重，更能细致刻画指标作用关系网络以及作用程度大小，因此本章利用相同打分数据，利用"多锥共底"模型进行权重计算，在此基础上将网络分析法、尖锥网络分析法及"多锥共底"模型3种方法权重计算结果加以对比，并最终对煤矿进行综合评价。

7.1 "多锥共底"模型权重计算

7.1.1 规划设计阶段权重计算

基于煤炭-水资源协调共采生命周期阶段性特征及指标分析判别结果，以影响指标作用性质绘制"多锥共底"模型规划设计阶段尖锥元素集，见表7-1。规划设计阶段尖锥网络分析结构如图7-1所示，其中32个元素中共有锥顶元素2个，其余30个元素为锥底元素，根据不同影响元素相互关系构建规划设计阶段尖锥网络分析结构，由于评价元素中不存在接受性元素，普遍为发散性元素及过渡性元素，因此图7-1中某元素发出的单向箭线表示该元素受到箭头所指元素的支配作用，双向箭线表示两因素之间存在相互影响作用，多个锥底元素与锥顶元素共同形成尖锥立体结构，此时多个锥顶元素节点共处同一平面Γ。在此基础上，邀请领域专家或决策人员对照前文描述指标依赖、反馈关系，对锥底元素相对于不同锥顶元素的相对重要性、不同锥底元素之间的相对重要性进行比较判别，求得矩阵B、矩阵A，最终得到规划设计阶段影响指标权重分布，将指标权重整合分类得到指标系统权重。

表7-1 "多锥共底"模型规划设计阶段尖锥元素集

综合效益影响因素	元素编号	元素类型	综合效益影响因素	元素编号	元素类型
导水裂隙带发育高度	C15	锥顶元素	开采深度	C20	锥底元素
矿井涌水量	C16	锥顶元素	开采高度	C21	锥底元素
区域水文地质条件	C1	锥底元素	回采速度或工作面推进速度	C22	锥底元素
覆岩、围岩岩性及组合结构	C2	锥底元素	土壤性质参数	C27	锥底元素
含水层性质	C3	锥底元素	地表沉陷	C28	锥底元素
隔水层性质	C4	锥底元素	地裂缝	C29	锥底元素
煤层赋存参数	C5	锥底元素	植被覆盖率	C30	锥底元素
区域地质及构造分布	C7	锥底元素	浅部地下水位及降幅	C34	锥底元素
地形地貌	C8	锥底元素	百万吨死亡率	C35	锥底元素
水资源量	C9	锥底元素	事故发生次数	C36	锥底元素
煤炭储量	C10	锥底元素	受影响人数	C37	锥底元素
降水量	C11	锥底元素	矿井顶、底板水害	C38	锥底元素
蒸发量	C12	锥底元素	全员工效	C39	锥底元素
采煤方法及开采工艺	C17	锥底元素	万元GDP能耗	C41	锥底元素
工作面参数	C18	锥底元素	项目公众支持率	C43	锥底元素
工作面推进程度	C19	锥底元素	成本费用收益率	C44	锥底元素

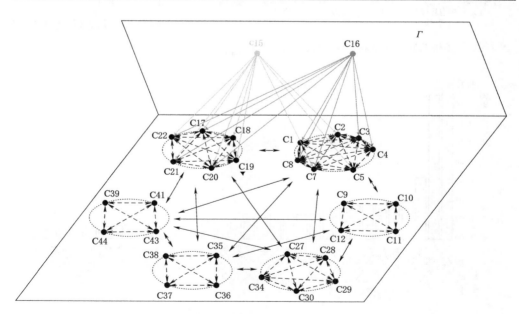

图7-1 "多锥共底"模型规划设计阶段尖锥网络分析结构

基于专家决策结果，不同锥底元素相对于锥顶元素的权重向量分别为

$$\beta_1 = (0, 0.2453, 0, 0, 0.2344, 0.2268, 0, 0.1264, 0.0541, 0.0365,$$
$$0.0359, 0.0164, 0.0240)^{\mathrm{T}}。$$

$$\beta_2 = (0.2284, 0, 0.2302, 0.1512, 0, 0.1393, 0.1354, 0.0523, 0, 0,$$
$$0.0236, 0.0180, 0.0216)^{\mathrm{T}}。$$

将其整合联立，考虑其他元素集结构特征，进而得到矩阵 B。同样，根据锥底元素间相互作用关系，邀请专家对不同锥底元素间的相互作用强度进行判断，对于任意一个锥底元素，对全部受其支配的其他锥底元素，构建判断矩阵，进而得到单一锥底元素相对于其他锥底元素的相对权重分布 A_{1j}，A_{2j}，…，A_{nj}，将其联立整合得到矩阵 A。将不同锥底元素的相对权重向量联立得到矩阵 A。

根据权重计算步骤可以得知，$Q = AB$ 即可得矩阵 Q，将矩阵 Q 极限化处理，得到稳态权重向量，进一步得到全体元素的权重分布结果。

"多锥共底"模型规划设计阶段系统权重如图 7-2 所示。

"多锥共底"模型规划设计阶段指标权重如图 7-3 所示。

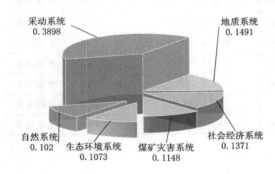

图 7-2　"多锥共底"模型规划设计阶段系统权重

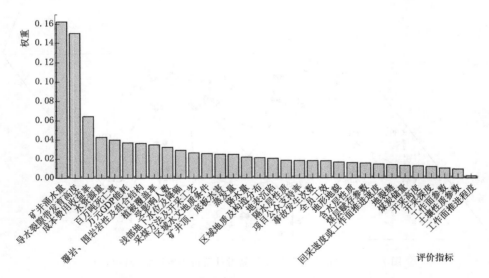

图 7-3　"多锥共底"模型规划设计阶段指标权重

7.1.2 规划设计阶段结果分析

根据规划设计阶段影响指标权重结果,从系统层面来看,权重结果排在前 3 位的分别采动系统、地质系统、社会经济系统,权重值合计达到 0.676。规划设计阶段煤炭-水资源协调共采更侧重于摸清煤矿地层特点及煤层参数,明确矿床工程地质、水文地质等相关条件,考虑煤矿经济效益以及煤矿项目对社会产生的影响,从而有针对性地制定煤矿保水开采技术方案,实现区域资源开发综合效益最大化。

从指标层面来看,权重结果排在前 6 位的指标分别是矿井涌水量、导水裂隙带发育高度、成本费用收益率、水资源量、百万吨死亡率、万元 GDP 能耗。在规划设计阶段,煤炭资源开发对于地下水系统影响较小,矿井涌水及导水裂隙的预测模拟是实现煤炭-水资源协调共采的重要工作,涌水量的大小不仅表现为资源属性"量"的特征,同时与矿井水处理成本等经济效益、地下水位下降等生态效益切实相关,而导水裂隙带的发育高度决定了采煤活动的垂向影响范围,同时更是采煤空间应力场变化的直接表征,其重要性在其他多种因素共同作用下相对较高;资源开发的根本目的是将局部区域的资源优势转化为全部区域的经济优势,那么在项目规划设计时期更加关注于项目的经济效能,成本费用收益率的权重比率因此较高;除此之外,在资源开发规划设计阶段还应统筹区域水资源承载能力,以地区水资源量作为资源开发的刚性约束;加强提升煤矿安全生产及防灾减灾能力水平,着力降低百万吨死亡率;倡导绿色开采集约开发,降低资源开发综合能耗。规划设计阶段,权重较高指标基本围绕矿井水产生来源方面,同时向灾害防治、经济效益方面侧重。

7.1.3 建设开采阶段权重计算

建设开采阶段 39 个元素中共有锥顶元素 4 个,其余 35 个元素为锥底元素,见表 7-2,根据不同影响元素相互关系构建建设开采阶段尖锥网络分析结构,如图 7-4 所示。邀请领域专家、决策人员按照前文描述指标依赖、反馈关系,对不同锥底元素对于各锥顶元素、不同锥底元素间的相对重要性进行判断,利用权重分解原理、复合权重综合原理等方法求解指标权重,将其整合分类得到系统权重。

表 7-2　　　　　　"多锥共底"模型建设开采阶段尖锥元素集

综合效益影响因素	元素编号	元素类型	综合效益影响因素	元素编号	元素类型
地表沉陷	C28	锥顶元素	开采深度	C20	锥底元素
浅部地下水位及降幅	C34	锥顶元素	开采高度	C21	锥底元素
矿井顶、底板水害	C38	锥顶元素	回采速度或工作面推进速度	C22	锥底元素
区域经济贡献率	C45	锥顶元素	回采率	C23	锥底元素
区域水文地质条件	C1	锥底元素	顶板管理方式	C24	锥底元素
覆岩、围岩岩性及组合结构	C2	锥底元素	采空区尺寸及形态	C25	锥底元素
含水层性质	C3	锥底元素	含（隔）水层修复方案	C26	锥底元素
隔水层性质	C4	锥顶元素	土壤性质参数	C27	锥底元素
煤层赋存参数	C5	锥底元素	地裂缝	C29	锥底元素
地层应力状态	C6	锥底元素	植被覆盖率	C30	锥底元素
区域地质及构造分布	C7	锥底元素	生活及工业废水处理率	C31	锥底元素
地形地貌	C8	锥底元素	废弃井巷利用率	C33	锥底元素
煤炭储量	C10	锥底元素	百万吨死亡率	C35	锥底元素
降水量	C11	锥底元素	事故发生次数	C36	锥底元素
蒸发量	C12	锥底元素	受影响人数	C37	锥底元素
潜水矿化度	C13	锥底元素	全员工效	C39	锥底元素
矿井水水质	C14	锥底元素	矿井水利用率	C40	锥底元素
采煤方法及开采工艺	C17	锥底元素	万元 GDP 能耗	C41	锥底元素
工作面参数	C18	锥底元素	成本费用收益率	C44	锥底元素
工作面推进程度	C19	锥底元素			

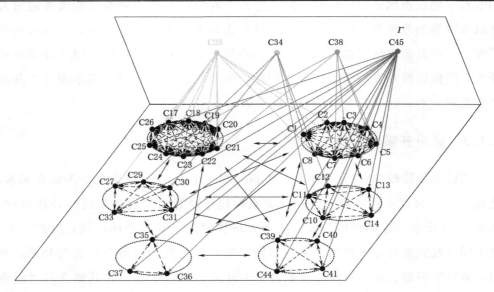

图 7-4　"多锥共底"模型建设开采阶段尖锥网络分析结构

基于专家决策结果，不同锥底元素相对于锥顶元素的权重向量分别为

$\beta_1 = (0, 0.1378, 0, 0, 0, 0, 0.0409, 0, 0.0451, 0, 0, 0, 0, 0, 0.1704, 0.1259, 0, 0.1162,$
$\quad 0.0882, 0.0863, 0, 0.0640, 0.0851, 0, 0.0438, 0, 0, 0, 0, 0, 0, 0, 0, 0)^T$。

$\beta_2 = (0.1475, 0, 0, 0, 0, 0, 0, 0.2603, 0.3853, 0, 0, 0, 0, 0, 0, 0, 0, 0, 0,$
$\quad 0.1151, 0.0918, 0, 0, 0, 0, 0, 0, 0)^T$。

$\beta_3 = (0, 0, 0.1811, 0.1350, 0.2100, 0, 0.2500, 0, 0, 0, 0, 0, 0, 0, 0, 0.0933, 0,$
$\quad 0.1306, 0, 0, 0, 0, 0, 0, 0, 0, 0, 0, 0, 0)^T$。

$\beta_4 = (0, 0, 0, 0, 0, 0, 0, 0.1717, 0, 0, 0.0309, 0.0334, 0, 0, 0, 0, 0, 0.1084, 0, 0,$
$\quad 0.0477, 0, 0, 0, 0.0411, 0.0423, 0.1002, 0.1002, 0.1002, 0.0732, 0.0441,$
$\quad 0.0408, 0.0626)^T$。

将其整合联立，考虑其他元素集结构特征，进而得到矩阵 B。

在此基础上，根据锥底元素间相互作用关系，邀请专家对不同锥底元素间的相互作用强度进行判断，对于任意一个锥底元素，对全部受其支配的其他锥底元素，构建判断矩阵，利用权重分解原理、复合权重综合原理等方法求解权重，进而得到单一锥底元素相对于其他锥底元素的相对权重分布 A_{1j}，A_{2j}，…，A_{nj}，将其联立整合得到矩阵 A。将不同锥底元素的相对权重向量联立得到矩阵 A。

根据权重计算步骤可以得知，$Q = AB$ 即可得矩阵 Q，将矩阵 Q 极限化处理，得到稳态权重向量，进一步得到全体元素的权重分布结果。

"多锥共底"模型建设开采阶段系统权重如图 7-5 所示。

"多锥共底"模型建设开采阶段指标权重如图 7-6 所示。

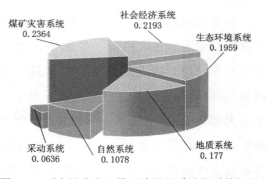

图 7-5 "多锥共底"模型建设开采阶段系统权重

7.1.4 建设开采阶段结果分析

从系统层面来看，建设开采阶段权重结果排在前 3 位的分别是煤矿灾害系统、社会经济系统以及生态环境系统，权重值合计达到 0.6516。本阶段应当根据煤矿实际生产情况，加强矿井防灾减灾方面的研究，着力降低矿井水害等灾

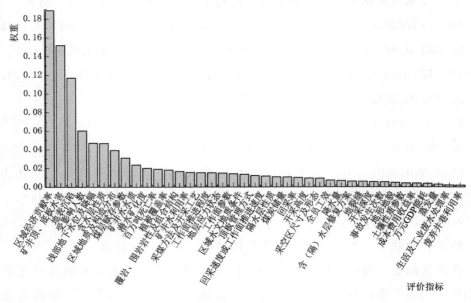

图 7-6 "多锥共底"模型建设开采阶段指标权重

害的风险,同时根据矿区生态环境、水资源承载力等实际情况,重视煤矿生态修复,贯彻"边采边复"的生态治理思想,以期达到经济效益与生态效益共同提高的目的。

从指标层面来看,权重结果排在前 6 位的指标分别是区域经济贡献率、矿井顶底板水害、地表沉陷、受影响人数、浅部地下水位及降幅、含水层性质。建设开采阶段,随着采煤工作的推进,地下水系统逐渐受到采煤活动的扰动,煤炭-水资源协调共采关注重点发生改变,此时资源开发对于区域经济的贡献水平成为衡量煤炭-水资源协调共采经济效益的重要指标;与此同时采煤活动带来的矿井灾害风险逐渐增加,由于特殊的地质环境,矿井水害成为呼吉尔特矿区煤矿灾害防治的重点;由于采煤驱动下地层应力平衡与含水层渗流关系发生改变,地表沉陷及浅部地下水位降幅成为资源开发对区域生态植被影响程度的重要判别指标,围绕此开展生态环境修复相关工作;另外随着采煤活动的持续,涌水量将不断增加,含水层性质将对矿井水处理工艺、成本及后续的综合利用效率产生极大的影响。在煤矿建设生产阶段,保障生产安全是提升煤矿煤炭-水资源协调共采水平的首要问题,同时经济效益更是资源开发的根本追求,在此基础上更应关注采煤区生态环境变化趋势及演化规律。

7.1.5 闭坑整治阶段权重计算

闭坑整治阶段 28 个元素中有锥顶元素 3 个，其余 25 个元素为锥底元素，见表 7-3，基于锥顶元素与锥底元素、不同锥底元素间相互关系构建尖锥网络分析结构，如图 7-7 所示，邀请领域专家或决策人员对照指标相互作用关系进行打分，进而得到矩阵 B、矩阵 A，进而求解全体指标权重。

表 7-3   "多锥共底"模型闭坑整治阶段尖锥元素集

综合效益影响因素	元素编号	元素类型	综合效益影响因素	元素编号	元素类型
含水层性质	C3	锥顶元素	采空区尺寸及形态	C25	锥底元素
植被覆盖率	C30	锥顶元素	含（隔）水层修复方案	C26	锥底元素
生态修复成本	C46	锥顶元素	土壤性质参数	C27	锥底元素
区域水文地质条件	C1	锥底元素	地裂缝	C29	锥底元素
覆岩、围岩岩性及组合结构	C2	锥底元素	塌陷土地治理率	C32	锥底元素
地层应力状态	C6	锥底元素	废弃井巷利用率	C33	锥底元素
区域地质及构造分布	C7	锥底元素	浅部地下水位及降幅	C34	锥底元素
地形地貌	C8	锥底元素	百万吨死亡率	C35	锥底元素
降水量	C11	锥底元素	事故发生次数	C36	锥底元素
蒸发量	C12	锥底元素	受影响人数	C37	锥底元素
潜水矿化度	C13	锥底元素	矿井顶、底板水害	C38	锥底元素
矿井水水质	C14	锥底元素	矿井水利用率	C40	锥底元素
导水裂隙带发育高度	C15	锥底元素	城市化水平	C42	锥底元素
开采深度	C20	锥底元素	项目公众支持率	C43	锥底元素

基于专家决策结果，不同锥底元素相对于锥顶元素的权重向量分别为

$\beta_1 = (0.1339, 0.0432, 0, 0.1522, 0, 0, 0, 0.6707, 0, 0, 0, 0, 0, 0, 0, 0, 0, 0, 0, 0, 0, 0, 0, 0, 0)^{\mathrm{T}}$。

$\beta_2 = (0, 0, 0, 0, 0.0357, 0.0493, 0.0555, 0.1156, 0, 0.1370, 0.1491, 0, 0, 0.4578, 0, 0, 0, 0, 0, 0, 0, 0, 0, 0, 0)^{\mathrm{T}}$。

$\beta_3 = (0, 0.0192, 0.0236, 0, 0, 0.453, 0, 0, 0.0368, 0.0527, 0.0643, 0.0936, 0.0789, 0.1366, 0.1157, 0.1351, 0.1982, 0, 0, 0, 0, 0, 0, 0, 0)^{\mathrm{T}}$。

将其整合联立，考虑其他元素集结构特征，进而得到矩阵 B。

在此基础上，根据锥底元素间相互作用关系，邀请专家对不同锥底元素间的相互作用强度进行判断，对于任意一个锥底元素，对全部受其支配的其他锥

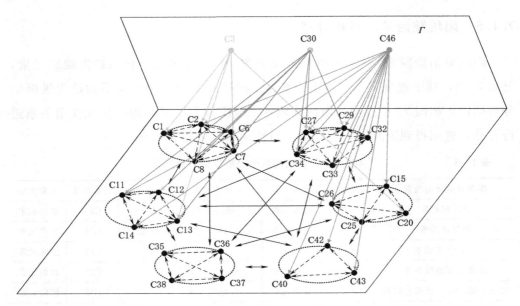

图 7-7 "多锥共底"模型闭坑整治阶段尖锥网络分析结构

底元素,构建判断矩阵,利用权重分解原理、复合权重综合原理等方法求解权重,进而得到单一锥底元素相对于其他锥底元素的相对权重分布 A_{1j},A_{2j},…,A_{nj},将其联立整合得到矩阵 A。将不同锥底元素的相对权重向量联立得到矩阵 A。

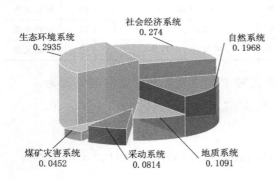

图 7-8 "多锥共底"模型闭坑整治阶段系统权重

由前文 5.1.4 所述权重计算步骤可以得知,$Q = AB$ 即可得矩阵 Q,将矩阵 Q 极限化处理,得到稳态权重向量,进一步得到全体元素的权重分布结果。

"多锥共底"模型闭坑整治阶段系统权重如图 7-8 所示。

"多锥共底"模型闭坑整治阶段指标权重如图 7-9 所示。

7.1.6 闭坑整治阶段结果分析

从系统层面来看,闭坑整治阶段权重结果排在前 3 位的分别是生态环境系统、社会经济系统以及自然系统,权重值合计达到 0.7643。生态环境治理是煤

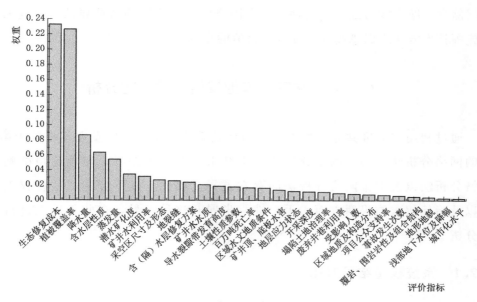

图 7-9 "多锥共底"模型闭坑整治阶段指标权重

矿闭坑整治阶段的重要工作，统筹含（隔）水层再修复、土地复垦等方面，最大程度地保护采煤区资源免受采空区失稳等次生灾害的影响，同时根据当地城市发展水平及社会发展需要制定生态治理目标，挖掘废弃工业厂区资源属性，提高废弃地下空间资源化利用程度，努力将煤矿闭坑过程对社会经济及生态环境的影响最小化。

从指标层面来看，权重结果排在前6位的指标分别是生态修复成本、植被覆盖率、降水量、含水层性质、蒸发量、潜水矿化度。目前呼吉尔特矿区多数煤矿正处于开采阶段，距离煤矿闭坑还有较长一段时间，因此对于煤矿闭坑整治阶段影响指标相对权重的计算以当地资源禀赋特征及产业发展现状进行预测。随着煤矿采煤工作逐步停止，地下水系统逐渐由采煤扰动状态向采后新稳态转变，区域生态环境恢复以及剩余资源价值开发成为当前阶段工作重点，采煤区生态修复成本成为该阶段重要影响因素；植被覆盖率成为区域生态水平最直接的表征指标，受制于浅部地下水补给来源问题，降水量因素对区域生态环境水平提升作用较为显著；由于井下排水工作的停止，废弃井下空间水位将逐渐上升，当水位蓄满后，可能出现地下水自下而上由井下空间反补顶板含水层，使得煤层顶底板含水层的水相互混合，造成含水层之间的水资源串层污染，进而改变含水层原有性质；为进一步挖掘煤矿废弃采空区剩余价值，积极探索废弃空间储存、净水能力或旅游属性，重点围绕已有采空区的特征属性，通过工程措施等技术方法来保障废弃矿井剩余价值的充分开发。

7.2 "多锥共底"模型权重结果对比分析

通过利用"多锥共底"模型计算指标及系统权重，可以发现其相较于第 6 章的网络分析法、尖锥网络分析法权重结果存在一定差异，与理论角度阐述网络分析法以及尖锥网络分析法间存在差异。因此，以下分别从系统权重结果以及指标权重结果两方面入手，进一步展开这种差异，在此基础上进行综合分析。

7.2.1 系统权重结果对比

为了清晰准确地分析不同权重计算方法所带来的结果差异，分别将网络分析法、尖锥网络分析法、"多锥共底"模型计算得到的不同生命周期阶段下系统权重加以整合，得到系统权重对比图，如图 7 - 10 所示。总体来看，网络分析法所计算结果，不同阶段各系统间产生的权重差异并不明显，权重分布较为平均；尖锥网络分析法重点强调元素集内部特殊指标元素对于其他指标元素的影响作用，以相互作用强度作为计算基础，从而使得系统权重在不同阶段指标体系中发生较大差别；在此基础之上的"多锥共底"模型，不仅考虑元素集内部特殊指标元素与其他指标元素的相互关系，进一步对不同元素集间指标元素关系加以考量，相较于前两种方法，在不同生命周期阶段系统权重结果中，系统权重结果特点更为突出，各阶段重点方向较为明显，有利于后续分析研究。

单从规划设计阶段来看，网络分析法系统权重前 3 位分别是地质系统、采动系统、生态环境系统；尖锥网络分析法系统权重前 3 位分别是采动系统、地质系统、社会经济系统；"多锥共底"模型系统权重前 3 位分别是采动系统、地质系统、社会经济系统。不同权重计算方法所得到的权重计算结果，可以从不同侧重点加以解释，但是如果将关注点向煤炭-水资源协调共采方面转移，可以发现网络分析所得系统权重结果存在偏差。对于煤炭资源开发产业来说，其根本目的在于服务经济发展，以地方资源优势助力社会全面进步，那么在煤矿项目规划设计过程中，充分发挥其经济价值是首要考虑的内容，在此基础上根据

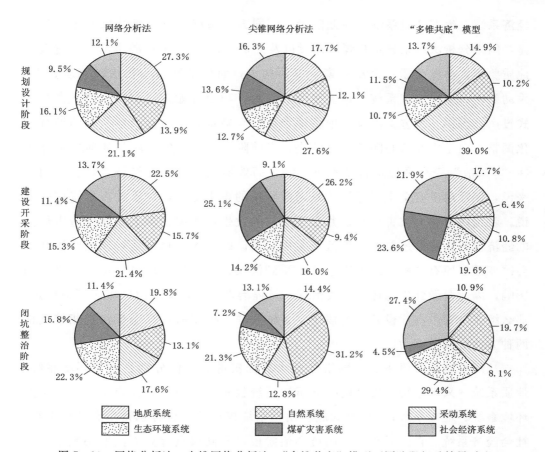

图 7-10　网络分析法、尖锥网络分析法、"多锥共底"模型不同阶段权重结果对比

煤层赋存地质因素，来优化设计资源开发方案。而区域生态环境在地方生态建设过程中确实非常重要，但是却不是煤矿资源开发规划设计时的最首要考量，对于生态环境的保护与修复，事实上贯穿项目落实的全过程，如果在规划设计阶段过于突出，会影响生命周期阶段重点的把握，可能会使煤炭生产由经济发展重点项目转变为以生态建设为主要目的、经济发展为次要目的的公益类项目，与客观实际产生一定的偏差。因此，可以认为在实际计算中，尖锥网络分析法以及"多锥共底"模型系统权重计算结果较网络分析法，在规划设计阶段更具说服力。

　　从建设开采阶段来看，网络分析法系统权重前3位分别是地质系统、采动系统、自然系统；尖锥网络分析法系统权重前3位分别是地质系统、煤矿灾害系统、采动系统；"多锥共底"模型系统权重前3位分别是煤矿灾害系统、社会经济系统、生态环境系统。在此阶段，不同方法系统权重计算结果差异较为明显，网络分析法结果显示在煤矿建设以及开采后，煤炭-水资源协调共采重点以地质要素、自然要素、采动要素三方面构成，而尖锥网络分析法以地质要素、采动要素、煤矿灾害系统构成。实际上，煤矿项目开始建设、试生产，直至正式投产，煤层开采方案以及各项关键参数已经确定，可能会产生一定的细节优化调整，但是主要核心问题均已解决，当前阶段最重要的问题是如何保障煤矿在"0 事故"安全平稳运行状态下，绿色高效地创造更大的经济效益。换句话来说，保障煤矿安全生产运行才是当前阶段的重中之重，对于呼吉尔特矿区来说，就是防范动力灾害以及矿井水害事故的发生，无灾状态下才能创造出最高的经济价值，此外还要关注采区及其周边地区的生态环境问题，煤炭资源开发会改变地层原有结构，地下水系统会受到波及，那么生态环境一定会随之受到影响，因此要做到生态环境源头治理、过程治理，保障周边地区生态环境稳定。那么综合来看，在建设开采阶段中"多锥共底"模型所计算系统权重相较其他两种方法更具说服力。

从闭坑整治阶段来看，网络分析法系统权重前 3 位分别是生态环境系统、地质系统、采动系统；尖锥网络分析法系统权重前 3 位分别是自然系统、生态环境系统、地质系统；"多锥共底"模型系统权重前 3 位分别是生态环境系统、社会经济系统、自然系统。在闭坑整治阶段，不同权重计算方法所得系统权重排序结果也产生较大差异，网络分析法系统权重结果显示，煤矿闭坑后的关键工作是依托区域地质环境以及煤炭开采后的采区布置开展生态恢复，而尖锥网络分析法系统权重结果显示，煤矿闭坑后重点工作是考虑地质要素以及自然资源特征开展生态环境恢复工作。而实际上，煤矿闭坑后，开采工作停止，地下水位开始逐渐升高；大量设备随之撤出矿井，产生了较多废弃地下空间；采区生态环境受采动过程影响发生转变。因此，煤矿闭坑后一方面积极开展生态环境恢复整治工作，如沉陷区治理、植树造林等，另一方面重点挖掘闭坑煤矿剩余价值，可以从废弃空间利用考虑，比如储存空间、抽水蓄能电站、特色旅游、文化传播等方面，或者从净水工程考虑，利用不同含水层间过滤作用，发挥其净水作用，促进其剩余价值的充分发挥，保护生态环境的同时发展社会经济，带动资源枯竭地区转型发展。总体来看，相较于其他方法，"多锥共底"模型在闭坑整治阶段所得系统权重结果更具说服力。

7.2.2 指标权重结果对比

基于上述分析，可以发现从实际应用效果来看，不同生命周期阶段的系统权重计算结果，"多锥共底"模型相较于其他两种方法更具说服力，那么更进一步，通过将不同生命周期阶段指标权重进行整合对比，从指标权重层面研究分析不同权重计算方法的合理性。基于不同生命周期阶段的不同权重计算方法所得指标权重，整合绘制指标权重对比图，如图7-11～图7-13所示。

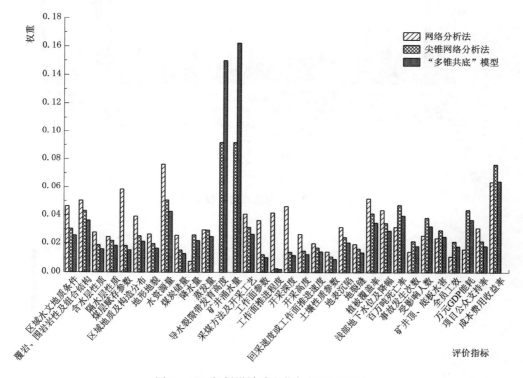

图7-11 规划设计阶段指标权重对比图

从规划设计阶段来看，网络分析法不能客观算出元素集关键指标的权重，对于导水裂隙带发育高度、矿井涌水量这种锥顶元素与其他锥底元素的相互依赖、反馈关系难以表达，只能给出权重为"0"的结果，而对于除锥顶元素外的其他锥底元素，给出的指标权重相对偏高，这种"偏高"被整合进行系统权重后，会使得系统权重产生不小的误差，与本研究的重点产生偏离。尖锥网络分析法给出的指标权重结果与"多锥共底"模型给出的指标权重结果趋势基本相同，但是由于仅靠锥顶元素所在元素集内部锥顶元素与锥底元素的相互关系，

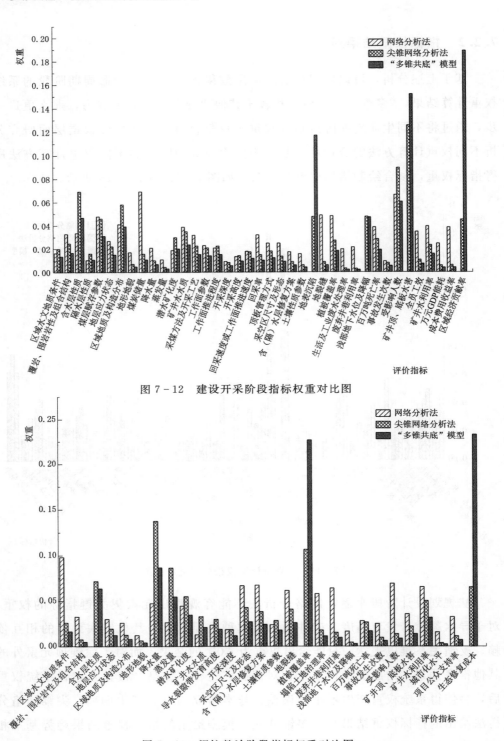

图 7 - 12 建设开采阶段指标权重对比图

图 7 - 13 闭坑整治阶段指标权重对比图

导致指标体系内锥顶元素的指标权重相对较低，而锥顶元素权重的降低直接导致其他锥底元素的权重相对升高，并最终作用于系统权重，使规划设计阶段的关键系统——采动系统权重不够突出，而其他系统的权重偏大，由指标权重的偏差最终延伸到了系统权重的偏差。

从建设开采阶段来看，指标权重相较于规划设计阶段发生了一定的差别，在规划设计阶段，对于单一指标权重来说，往往网络分析法指标权重最大，尖锥网络分析法次之，而"多锥共底"模型最小，当然锥顶元素不符合这一规律。到了建设开采阶段，这种规律不复存在，"多锥共底"模型指标权重依旧较小，而网络分析法指标权重与尖锥网络分析法指标权重大小情况则变得没有规律可循。从宏观角度来看，自然系统内部评价指标权重整体较小，采动系统内部评价指标权重整体较为平均，而地质系统、生态环境系统、煤矿灾害系统、社会经济系统内部评价指标权重个别指标较为突出，而其他指标权重相对较小。从微观角度看，在建设开采阶段，生态环境系统、煤矿灾害系统、社会经济系统内部分指标权重较高，其产生原因与多种指标间相互作用关系有关，由于锥顶元素与自身元素集、其他元素集内部的评价指标存在较高的关联性，使之在其他指标权重相对较低的情况下，自身指标权重更为突出，而这种"突出"，进一步导致系统权重的整体升高，进一步左右权重分析结果。对于特定指标，可以进一步发现 3 种权重计算方法的差异，例如废弃井巷利用率，在建设开采阶段，随着开采的不断推进，存在一些井巷结束回采工作，但是总体来看废弃井巷空间利用并不是当前阶段的重要工作，那么尖锥网络分析法与"多锥共底"模型给出较低权重更为合理，而网络分析法给出的指标权重却过高。

从闭坑整治阶段来看，由于指标数量明显减少，规律变得更加明显。网络分析法指标权重计算结果显示，排在前 4 位的分别是区域水文地质条件、受影响人数、含（隔）水层修复方案、采空区尺寸及形态；尖锥网络分析法指标权重计算结果显示，排在前 4 位的分别是降水量、植被覆盖率、蒸发量、含水层性质；"多锥共底"模型指标权重计算结果显示，排在前 4 位的分别是生态修复成本、植被覆盖率、降水量、含水层性质。通过观察指标权重的排序情况，发现指标权重侧重点差异较大，但是无论从宏观元素集角度还是微观指标角度，"多锥共底"模型计算所得权重分布情况均更偏向于客观实际情况。

基于上述分析，从系统权重以及指标权重两个角度观察，网络分析法由于容易形成"相对于甲来比较甲和乙"的特殊比较形式、超矩阵分块加权方法、元素集自依赖关系等原因，使得权重计算结果偏离本书研究目标，综合来看尖锥网络法与"多锥共底"模型权重计算结果，两种方法所算的指标权重趋势变化基本相同，但是各个指标的权重存在差别，特别是锥顶元素的权重结果，出现较大差别，从而影响系统权重。而出现这种情况的原因，主要是因为"多锥共底"模型相较于尖锥网络分析法更加注重某一元素集锥顶元素与其他元素集锥底元素的相关关系上，而尖锥网络分析法更加关注元素集内部锥顶元素与锥底元素的相关关系，对于锥顶元素与外部锥底元素的相互作用并未过多考虑。对于煤炭资源开发来说，涉及因素较多且各方面因素存在复杂的耦合关系，那么这种情况更适合运用"多锥共底"模型来解决问题，因此以下将利用"多锥共底"模型所计算权重结果开展煤矿煤炭-水资源协调共采综合效益评价工作。

7.3　综合效益评价

在复杂问题综合评价过程中，指标量化问题始终是众多学者的重要研究内容，由于煤炭-水资源协调共采综合效益评价指标体系由定性及定量两类指标组成，因此本次研究利用国家规范导则，结合模糊综合评价法进行煤炭-水资源协调共采综合效益影响因子的综合评价。

7.3.1　评价方法及评价等级

综合效益影响指标体系中同时存在定性指标及定量指标，不能形成统一的评价标准，使用单一评价方法难以保证其评价结果的可靠性及客观性。基于此，本书采用国家规范、行业导则作为定量指标的评价依据，以其划分的等级类别作为指标的评价等级；针对难以获取数据的程度描述类定性指标，利用模糊综合评价法进行评价。

定量指标以国家规范、行业导则作为评价基础。定性指标所采用的模糊综合评价法，利用模糊数学原理，将存在复杂变量的定性问题转化为定量问题，其原理是：假设评价对象存在 m 个评价因子，n 个评价等级，即评价因子集

合为

$$U = \{u_1, u_2, \cdots, u_m\} \tag{7-1}$$

评价集合为

$$V = \{v_1, v_2, \cdots, v_n\} \tag{7-2}$$

那么对于评价集合中的任一因子开展单因子评价 $f(u_i)$，其隶属度函数 f 可以看作为 $U \rightarrow V$ 的模糊映射，因此通过映射关系可以推导隶属度矩阵为

$$R = (r_{ij})_{mn} \tag{7-3}$$

式中 r_{ij}——因子集合 U 中因子 u_i 对应的评价集合 V 中等级 v_i 的隶属度。

如果存在某个模糊因子集合 $W = \{w_1, w_2, \cdots, w_n\}$，其向量表示为

$$W = (w_1, w_2, \cdots, w_n) \tag{7-4}$$

同时满足

$$\sum_{i=1}^{n} w_i = 1 \tag{7-5}$$

式中 w_i——第 i 个因子权重。

那么可以确定 $U \rightarrow V$ 的模糊综合评判集为

$$B = W \cdot R \tag{7-6}$$

即

$$B = (b_1, b_2 \cdots, b_n) \tag{7-7}$$

式中 "·"——模糊算子；

b_i——评价对象 w_i 对应评价等级 v_i 的隶属度。

根据最大隶属度原则，如果：$b_{i0} = \max\{b_i : 1 \leqslant i \leqslant n\}$，则 b_{i0} 就是最终评价等级结果对应等级。

考虑到不同指标对综合效益的影响方式不同，指标可以从作用效果上基本分为正向型指标及逆向型指标，因此定性指标在不同评价等级的隶属度将以专家自身知识储备及实践经验来判断确定。本次研究将指标评价等级划分为 5 级，分别为优异 Ⅰ（1.0）、优良 Ⅱ（0.8）、良 Ⅲ（0.6）、一般 Ⅳ（0.4）、差 Ⅴ（0.2），评价对象在该指标上的评价得分以最终评价所属等级的得分为准。

由于规范、导则对于不同内容考虑侧重不同，因此会使得不同指标的等级划分产生差别，如 MT/T 1197—2020 中将井工矿地质构造划分为简单、中等、复杂、极复杂 4 种，而 DZ/T 0286—2015 中将地裂缝危害程度划分为大、中、

小 3 种，划分级别的不同，不利于评价等级的确定，更会对评价结果的计算造成干扰。因此，本书为了形成统一的评价标准，将不同评价等级进行融合，同时结合模糊综合评价法原理，确定本次评价等级为 5 种，分别为优异 I（1.0）、优良 II（0.8）、良 III（0.6）、一般 IV（0.4）、差 V（0.2），对于其他类别与此不同的等级划分，进行数学折算处理，进而确定定量指标在评价过程的评价得分。

基于上述方法及评价等级，将评价对象相关参数输入，进而得到不同参数指标的得分情况，结合指标相对重要性，进一步得到评价对象的综合评价结果。对于任一评价对象，其综合评价分数为

$$F_i = \sum_{i=1}^{n} w_i k_i (0.2 \leqslant F_i \leqslant 1) \tag{7-8}$$

式中　w_i——指标权重；

　　　k_i——指标得分。

其中得分为 0.8～1.0 为优异；0.6～0.8 为优良；0.4～0.6 为良；0.2～0.4 为一般；0～0.2 为差。

7.3.2　煤矿综合评价

由于呼吉尔特矿区所辖 7 座煤矿中，梅林庙煤矿、沙拉吉达煤矿属于规划煤矿，目前前期工作开展程度偏低；石拉乌素煤矿行政区划属于伊金霍洛旗，其余 4 座煤矿处于生产阶段，不存在闭坑煤矿。因此，从资料获取、研究深度等多方面考虑，本次评价仅针对呼吉尔特矿区已开的葫芦素煤矿、门克庆煤矿、母杜柴登煤矿、巴彦高勒煤矿进行评价，基于其建设前的前期资料开展规划设计阶段评价，基于煤矿生产实际开展建设开采阶段评价。

基于前文评价思路，结合前文所确定的综合效益影响指标、权重结果，将煤矿不同阶段相关参数代入评价过程，基于法律法规、国家规范、行业导则，并结合模糊综合评价法，对葫芦素煤矿、门克庆煤矿、母杜柴登煤矿、巴彦高勒煤矿进行综合评价。出于篇幅考虑，将门克庆煤矿建设开采阶段评价过程进行展示，并对其进行校核，其他煤矿的不同阶段评价将直接以得分形式予以展示，在此基础上对矿区目前发展的问题进行总结归纳。

门克庆煤矿建设开采阶段评价见表 7-4。

表 7 - 4　　　　　　　　　　门克庆煤矿建设开采阶段评价表

系统	综合效益影响因素	相对权重	实际参数	评价等级	评价基础
地质系统	区域水文地质条件	0.0134	复杂型	IV	GB/T 12719—2021 及 MT/T 1091—2008
	覆岩、围岩岩性及组合结构	0.0166	简单型	I	DZ/T 0223—2011 及 MT/T 1091—2008
	含水层性质	0.0467	较轻、局部较强	I	DZ/T 0223—2011 及 MT/T 1091—2008
	隔水层性质	0.0107	较强、局部缺失	II	MT/T 1091—2008
	煤层赋存参数	0.0310	中厚煤层小倾角等	I	MT/T 1197—2020 及 DZ/T 0216—2020①
	地层应力状态	0.0148	问题突出	V	模糊综合评价法
	区域地质及构造分布	0.0391	简单型	I	DZ/T 0286—2015
	地形地貌	0.0046	简单	I	DZ/T 0286—2015
自然系统	煤炭储量	0.0105	2383.27Mt	I	DZ/T 0215—2020②
	降水量	0.0067	358.8mm	II	DB15/T 2765—2022③
	蒸发量	0.0028	2221.6mm	II	模糊综合评价法
	潜水矿化度	0.0200	III类	III	GB/T 14848—2017④
	矿井水水质	0.0235	高盐、TDS	III	GB/T 14848—2017 及 MT/T 1091—2008
采动系统	采煤方法及开采工艺	0.0152	长壁一次采全高	I	GB 50215—2015
	工作面参数	0.0140	300m	I	GB/T 22205—2008
	工作面推进程度	0.0150	—	II	模糊综合评价法
	开采深度	0.0055	700m	II	《煤矿安全规程》
	开采高度	0.0094	2m	I	GB 50536—2009⑤
	回采速度或工作面推进速度	0.0116	3996m/年	II	GB 50215—2015
	回采率	0.0100	95%（2-2）	I	HJ 446—2008 及 GB/T 31089—2014
	顶板管理方式	0.0121	全部垮落法	I	《煤矿安全规程》
	采空区尺寸及形态	0.0091	弱	I	DZ/T 0223—2011 及 DZ/T 0286—2015
	含（隔）水层修复方案	0.0060	离层注浆	I	模糊综合评价法
生态环境系统	土壤性质参数	0.0041	—	II	模糊综合评价法
	地表沉陷	0.1170	弱	I	DZ/T 0286—2015
	地裂缝	0.0059	—	I	DZ/T 0286—2015
	植被覆盖率	0.0182	64.58%	II	HJ/T 192—2015⑥
	生活及工业废水处理率	0.0020	100%	I	GB 8978—1996⑦

系统	综合效益影响因素	相对权重	实际参数	评价等级	评价基础
生态环境系统	废弃井巷利用率	0.0019	—	I	模糊综合评价法
	浅部地下水位及降幅	0.0469	1～2m,较轻	I	DZ/T 0223—2011
煤矿灾害系统	百万吨死亡率	0.0190	0	I	DZ/T 0286—2015
	事故发生次数	0.0053	未发生	I	DZ/T 0286—2015
	受影响人数	0.0603	0	I	DZ/T 0286—2015
	矿井顶、底板水害	0.1519	中等	II	GB/T 22205—2008
社会经济系统	全员工效	0.0070	47.04t/工	I	2021煤炭行业发展年度报告
	矿井水利用率	0.0156	60%	III	HJ 446—2008 及 DZ/T 0315—2018
	万元 GDP 能耗	0.0038	—	I	模糊综合评价法
	成本费用收益率	0.0040	＞10%	I	相关理论公式
	区域经济贡献率	0.1889	—	II	模糊综合评价法

注　①《煤层气储量估算规范》(DZ/T 0216—2020)。
　　②《矿产地质勘查规范　煤》(DZ/T 0215—2020)。
　　③《年降水资源量评估等级》(DB15/T 2765—2022)。
　　④《地下水质量标准》(GB/T 14848—2017)。
　　⑤《煤矿综采采区设计规范》(GB 50536—2009)。
　　⑥《生态环境状况评价技术规范》(HJ 192—2015)。
　　⑦《污水综合排放标准》(GB 8978—1996)。

　　基于前文所述评价方法,得到门克庆煤矿建设开采阶段综合评价分数为 0.9167,属于"优异"水平。

　　门克庆煤矿于 2011 年 1 月正式开工建设,于 2019 年 3 月通过竣工验收正式投产,煤矿开采至今,并未发生较为严重的矿井事故。煤矿采用立井开拓方式,共布设 4 个水平,首采 2-2 中煤层、3-1 煤层,作为新进开发的大型煤矿,井田内的中厚煤层、厚煤层均采用走向长壁综合机械化采煤,机械化程度、资源回收效率较高,采区回采率达到 75%。主要含煤地层为侏罗系延安组煤层,埋藏深度较大,普遍在 600m 左右,区域地质构造较为简单,断裂构造及垂向导水构造不甚发育,含水层间水力联系较弱,但是由于煤层埋深较大,因此深部岩体承受着上覆岩层自重产生的垂向应力以及地质构造产生的构造应力,在其共同作用下造成地应力偏高的现象,由此引发顶板灾害现象的发生,不利于煤炭资源的安全高效开发。同时在特殊的陆相沉积背景下,多相变层叠的覆岩结构及复杂的地下水径流系统导致矿井水文地质条件较为复杂,富水性极不均一，加之特殊沉积的条件致使隔水局部缺失，使得矿井涌水量偏大，门克庆煤矿现状涌水量为 $1950 \sim 2000 \text{m}^3/\text{h}$。需要指出的是，目前煤矿矿井水的利用主要分为两部分，一部分为煤矿自身绿化、消防等回用水量；另一部分处理后直接向其他化工项目输送用于工业生产。由于矿井涌水量不稳定，随着开采工作的深入，涌水量增加对矿井排水能力及临时蓄水池储存能力形成冲击，使得用于工业生产的部分矿井水难以高效利用，即使储存于蓄水池中，也必将在高强度蒸发过程中无端浪费，因此，门克庆煤矿矿井水资源化利用程度不高。

综合来看门克庆煤矿煤-水协调开发水平较高，但是在矿井水综合利用方面仍存在一定的提升空间，同时证明本次评价结果与实际情况基本相符。同理，基于相同方法分别对门克庆煤矿规划设计阶段及其他煤矿的两个阶段进行评价，得到其评价结果，见表 7-5。

表 7-5　　　　呼吉尔特矿区部分煤矿煤炭-水资源协调共采评价表

序号	煤矿	生命周期阶段	评价分数	评价等级
1	葫芦素煤矿	规划设计阶段	0.8071	优异
2	门克庆煤矿	规划设计阶段	0.7765	优良
3	母杜柴登煤矿	规划设计阶段	0.7751	优良
4	巴彦高勒煤矿	规划设计阶段	0.7683	优良
5	葫芦素煤矿	建设开采阶段	0.8726	优异
6	门克庆煤矿	建设开采阶段	0.9167	优异
7	母杜柴登煤矿	建设开采阶段	0.8633	优异
8	巴彦高勒煤矿	建设开采阶段	0.8252	优异

利用国家规范、行业导则，结合模糊综合评价法对呼吉尔特矿区 4 座已开煤矿煤炭-水资源协调共采水平进行评价，发现地区煤炭资源开发水平基本稳定，评价分数在 $0.77 \sim 0.90$，属于"优良"及"优异"水平，不同煤矿间分数存在一定差异，地质环境及其他客观因素是引发这种分数差别的部分原因，但是整体来看还具有较大提升空间。

从具体评价过程来看，呼吉尔特矿区已开煤矿矿井涌水量大是地区资源开发的一个重要特征，如门克庆煤矿现状涌水量为 $1950 \sim 2000 \text{m}^3/\text{h}$，葫芦素煤矿现状涌水量为 $1600 \sim 1700 \text{m}^3/\text{h}$，母杜柴登煤矿现状涌水量为 $2200 \sim 2300 \text{m}^3/\text{h}$。但与此相关最为突出的问题就是各煤矿矿井水资源化综合利用程度较低，4 座煤矿均存在这个问题，在矿井水利用率方面得分仅为 0.6。一方面由于水质处理成本高、输送距离远、用水项目少等原因使得综合利用程度较低；另一方面在煤矿生产过程中，涌水量不稳定的特性会对矿井水综合利用效率产生影响，多种因素共同作用下使得地区矿井水在区域供水总量中占比仅为 12.1%，而矿区矿井水综合利用量与涌水量之比仅为 32.6%～39.4%。本次研究认为：煤矿规划设计阶段针对矿井涌水量进行精准预测的同时，制定完善的综合利用方案并建设配套基础设施成为提升矿井水资源化利用水平的重要基础；在建设开采阶段权衡产业发展与资源开发两个目标，在保障煤炭资源绿色开发的基础之上同时注重煤矿矿井水综合利用效率问题，构建实时跟踪、动态调控的矿井水资源配置方案成为提升矿区煤炭-水资源协调开发水平的关键环节；当煤矿进入闭坑整治阶段后，在保护地下水资源的同时积极开发废弃井下空间剩余价值，充分发挥采空区储水、净水潜力，促进区域经济社会的可持续发展，是实现矿区煤炭-水资源协调共采的必要举措。

7.4 综合效益评价结论

在煤炭资源开发过程中，地下水资源的赋存状态在煤矿不同开发阶段将发生较大差别，由此煤炭-水资源协调共采综合效益的侧重点也将在不同阶段产生较大差别，但是煤炭资源开发始终与水资源保护、生态环境建设、煤矿防灾减灾 3 个主题不可分割。针对于呼吉尔特矿区目前煤炭资源开发现状，除去前期工作程度较低的沙拉吉达井田与梅林庙井田，已投入生产的葫芦素煤矿、门克庆煤矿、母杜柴登煤矿、巴彦高勒煤矿，由于煤层埋深及直罗组、延安组部分含水层富水性强且不均一，导致区域水文地质条件复杂，矿井涌水量大；由于矿井水处理成本高、矿井涌水量不稳定等因素使得矿井水资源化利用水平较低。结合前文权重计算结果及煤矿评价结果如下：

（1）规划设计阶段。加强煤矿前期地质勘察工作，摸清采煤区地质构造及含水层分布特点，利用先进技术明确采动裂隙的影响范围以及涌水量的大小，以此为依据优化调整矿井开采参数，同时根据地方产业发展布局建立矿井水综合利用方案，进而建设矿井水输水管网等相关配套设施，为矿井水综合化利用奠定基础。

（2）建设开采阶段。加强煤矿防灾减灾能力培养，在保障煤矿安全生产的基础上，提高保水采煤技术与实际生产的结合程度，大力推进离层注浆、充填开采等保水采煤技术在煤矿中的实践。一方面探索矿井水异位回灌技术，将部分水质较好的矿井水回灌至对采煤工作影响较小的层位，以此降低矿井水地面排放量；另一方面加强矿井水综合利用工程的建设，考虑处理成本与运营成本，找寻矿井水与工业用水、生态用水的交叉点，同时构建实时跟踪、动态调控的矿井水综合配置体系，以此实现矿井水高效低耗智能化供给，着力提高矿井水综合利用效率。

（3）闭坑整治阶段。加强含水层、隔水层修复工作及采空区监测工作，通过工程措施避免采空区失稳等次生灾害的发生，探索开发闭坑煤矿剩余价值，挖掘废弃工业厂区文化价值、旅游价值等额外属性，同时针对于井下巷道等废弃空间，充分利用其储存属性、净水属性，建立地下天然净水设施，改善采煤扰动下地下水资源污染情况，另外突出采煤区生态恢复的重要地位，降低煤矿闭坑带来的生态负效应，提升资源开发综合效益水平。

第8章 结论与展望

8.1 主 要 结 论

本书以毛乌素沙地采矿区——呼吉尔特矿区为研究对象,基于绿色开采思想及保水采煤技术发展现状,利用生命周期相关理论,以采煤活动对采区地下水系统的影响程度为判别依据,将煤炭-水资源协调共采生命周期划分为规划设计阶段、建设开采阶段、闭坑整治阶段;通过知识图谱分析、已有研究成果研读、现行标准规范梳理3种方式,分析总结出影响煤炭-水资源协调共采综合效益的影响因素;基于影响因子自身概念内涵及作用方式,构建煤炭-水资源协调共采综合效益影响指标体系,并利用文献分析等方法对指标体系内相关影响因子相互作用关系进行总结分析;考虑综合效益表征因素众多且关系复杂,本研究利用尖锥网络分析法以影响因素间相互作用关系为依托,对影响因素相对权重进行计算,从而判别不同生命周期阶段内,煤炭-水资源协调共采综合效益的主要研究内容;并以现行标准规范及模糊综合评价法对呼吉尔特矿区部分煤矿开展评价。主要研究成果如下:

(1)在明晰生命周期理论概念内涵的基础上,根据采煤驱动下地下水资源演化特征,将煤炭-水资源协调共采生命周期划分为规划设计、建设开采、闭坑整治3个阶段,采煤区地下水系统将经历由自然循环状态、采煤扰动状态直至采后稳定状态的转变,整个采煤过程中地下水系统径—补—排关系将发生改变,从而引发水量、水位等变化。

(2)通过知识图谱分析、已有研究成果研读、现行标准规范梳理3种方式,总结分析出影响煤炭-水资源协调共采综合效益的影响因素,进一步对影响煤炭-水资源协调共采综合效益的影响因素进行了界定,确定涉及地质、采矿、生态、经济、社会等多学科多专业的影响因素共计46个。

（3）深入分析了 DPSIR 模型指标分类思路，围绕煤炭开采环境效应下不同因子的复杂响应机制，将煤炭–水资源协调共采综合效益影响指标划分为驱动力因素、压力因素、状态因素、影响因素、响应因素 5 种，进一步确定了指标划分依据；基于科学性、系统性、可实现性原则，结合前文界定的综合效益影响因子，整合地质、自然、采动、生态环境、煤矿灾害、社会经济 6 个系统，形成包含目标层、准则层、指标层 3 层共计 46 个指标的煤炭–水资源协调共采综合效益影响指标体系，并总结归纳出影响区域煤炭–水资源协调开发综合效益的主要关键问题，如矿井涌水量、矿井顶底板水害以及由此延伸出的导水裂隙带发育高度、地表沉陷，以及表征区域生态水平的植被覆盖率等，各因素间存在明显的依赖、反馈关系。

（4）在综合分析不同权重计算方法与本研究内容适用性的基础上，基于"多锥共底"模型，重点研究不同影响因子间相互依赖、反馈关系，考虑不同影响因子间作用特点，对不同生命周期阶段综合效益影响因子权重进行计算，同时对不同权重计算方法权重结果进行对比。规划设计阶段采动、地质、社会经济系统累计权重达 0.676，本阶段应当重点摸清煤矿地质特征及煤层参数，明确矿床工程地质、水文地质等相关条件，考虑煤矿经济效益以及煤矿项目对社会产生的影响，从而有针对性地制定煤矿保水开采技术方案，实现区域资源开发综合效益最大化。建设开采阶段煤矿灾害、社会经济、生态环境系统累计权重达 0.6764，本阶段应当根据煤矿实际生产情况，加强矿井防灾减灾方面的研究，着力降低矿井水害等灾害的风险，同时根据矿区生态环境、水资源承载力等实际情况，加强矿井水精准预测与高效利用技术的应用，加强含水层修复等相关举措，重视煤矿生态修复，贯彻"边采边复"的生态治理思想，以期达到经济效益与生态效益共同提高的目的。闭坑整治阶段生态环境、自然、社会经济系统累计权重达 0.6537，本阶段应将生态环境恢复作为当前阶段的重点任务之一，统筹含（隔）水层再修复、土地复垦等方面，最大程度地保护采煤区资源免受采空区失稳等次生灾害的影响，同时根据当地城市发展水平及社会发展需要制定生态治理目标，挖掘废弃工业厂区资源属性，提高废弃地下空间资源化利用程度，降低煤矿闭坑过程对社会经济及生态环境的负面影响，积极探索废弃工业厂区旅游属性、井下废弃空间资源储存能力等方面，充分挖掘闭坑煤矿的剩余资源价值。

（5）基于法律法规、国家规范、行业导则及模糊综合评价法分别针对影响指标体系内的定量指标及定性指标，对呼吉尔特矿区部分煤矿开展评价。各煤矿评价结果均位于 0.75～0.80，属于"优良"水平，存在一定提升空间，在矿井水综合利用效率方面存在一定短板，单指标得分仅为 0.6，煤矿实际生产中现状矿井水利用渠道单一，除煤矿自身绿化、消防等回用外，剩余水量供给周边工业用水；同时涌水量不稳定带来的水量过大或过小使得综合利用效率不高，矿井水在区域供水总量中占比仅为 12.1％，矿井水综合利用量与涌水量之比仅为 32.6％～39.4％。因此本研究认为：在煤矿规划设计阶段，应当加强对导水裂隙、矿井涌水量的模拟预测工作，同时规划矿井水综合利用方案；在建设开采阶段，应当在做好防灾减灾的同时，通过加大保水采煤技术投入力度、建设矿井水综合利用工程、制定实时跟踪、动态调整的矿井水配置方案等措施，提高矿井水综合利用效率；在闭坑整治阶段，应当注重含水层、隔水层的系统修复，改善采煤区生态环境，挖掘废弃矿井剩余价值，以此实现煤炭-水资源协调共采全过程综合效益的全面提高。

8.2 局限及未来展望

本书基于生命周期理论、尖锥网络分析法等理论方法对煤炭-水资源协调共采问题进行了一定程度的研究，但不可否认存在一些不足，还需要在未来的研究过程中进一步加以完善改进。

（1）资源开发是一个系统性问题，涉及多学科、多领域，本书仅仅从地质系统、自然系统、采动系统、生态环境系统、煤矿灾害系统、社会经济系统 6 方面考虑，研究程度还有待深入，本研究对于环境污染及防治并没有过多研究，对于区域煤炭、水、生态资源承载阈值也没有更多的探讨。今后对相关内容的研究，宏观上应当针对地区承载力阈值进行深入挖掘，同时微观上进一步探索资源开发不同方面的直接表征因素，以此实现对煤炭-水资源协调共采综合评价的全面客观。

（2）随着经济社会的不断发展，资源开发能力将不断增强，煤炭-水资源协调共采理论技术水平也必将持续提高，领域研究重点及热点问题随之改变，双资源协调开发影响因子也将发生变化。因此在未来的研究中，应加强理论学习与技术实践，深入研究生态脆弱矿区煤炭-水资源协调共采相关问题，持续优化调整综合效益影响指标体系。

（3）对于区域矿井水高效利用的具体路径，本书没有过多提及，仅提出建立矿井水综合利用管网及相应矿井水高效配置方案，对于生态脆弱矿区非常规水源的高效利用方面还需要更进一步研究，其研究价值不仅仅在于缓解区域用水矛盾，更会对未来资源型城市转型发展产生重要影响，这将是未来的重点研究工作。

附录

$$A =$$

附图 1　网络分析法规划设计阶段判别矩阵 A

$A' =$

附图 2　网络分析法规划设计阶段超矩阵 A'

$A'' =$

附图 3　网络分析法规划设计阶段加权超矩阵 A''

$A=$

附图 4　网络分析法建设开采阶段判别矩阵 A

$A'=$

附图 5　网络分析法建设开采阶段超矩阵 A'

$$A'' =$$

附图 6 网络分析法建设开采阶段加权超矩阵 A"

$$A =$$

附图 7 网络分析法闭坑整治阶段判别矩阵 A

155

$A' =$ 附图 8　网络分析闭坑整治阶段超矩阵 A'

$A'' =$ 附图 9　网络分析法闭坑整治阶段加权超矩阵 A''

$$A=$$

附图 10　尖锥网络分析规划设计阶段矩阵 A

$$
B=\begin{pmatrix}
0.1142 & 0.1142 & 0.1142 & 0.1142 & 0.1142 & 0.1142 & 0.1142 & 0.1142 & 0.1142 & 0.1142 & 0.1142 & 0.1142 & 0.1142 & 0 & 0 & 0 & 0 & 0 & 0 & 0 & 0 & 0 & 0 & 0 & 0 & 0 & 0 & 0 & 0 & 0 \\
0.1227 & 0.1227 & 0.1227 & 0.1227 & 0.1227 & 0.1227 & 0.1227 & 0.1227 & 0.1227 & 0.1227 & 0.1227 & 0.1227 & 0.1227 & 0 & 0 & 0 & 0 & 0 & 0 & 0 & 0 & 0 & 0 & 0 & 0 & 0 & 0 & 0 & 0 & 0 \\
0.1151 & 0.1151 & 0.1151 & 0.1151 & 0.1151 & 0.1151 & 0.1151 & 0.1151 & 0.1151 & 0.1151 & 0.1151 & 0.1151 & 0.1151 & 0 & 0 & 0 & 0 & 0 & 0 & 0 & 0 & 0 & 0 & 0 & 0 & 0 & 0 & 0 & 0 & 0 \\
0.0756 & 0.0756 & 0.0756 & 0.0756 & 0.0756 & 0.0756 & 0.0756 & 0.0756 & 0.0756 & 0.0756 & 0.0756 & 0.0756 & 0.0756 & 0 & 0 & 0 & 0 & 0 & 0 & 0 & 0 & 0 & 0 & 0 & 0 & 0 & 0 & 0 & 0 & 0 \\
0.1172 & 0.1172 & 0.1172 & 0.1172 & 0.1172 & 0.1172 & 0.1172 & 0.1172 & 0.1172 & 0.1172 & 0.1172 & 0.1172 & 0.1172 & 0 & 0 & 0 & 0 & 0 & 0 & 0 & 0 & 0 & 0 & 0 & 0 & 0 & 0 & 0 & 0 & 0 \\
0.1831 & 0.1831 & 0.1831 & 0.1831 & 0.1831 & 0.1831 & 0.1831 & 0.1831 & 0.1831 & 0.1831 & 0.1831 & 0.1831 & 0.1831 & 0 & 0 & 0 & 0 & 0 & 0 & 0 & 0 & 0 & 0 & 0 & 0 & 0 & 0 & 0 & 0 & 0 \\
0.0677 & 0.0677 & 0.0677 & 0.0677 & 0.0677 & 0.0677 & 0.0677 & 0.0677 & 0.0677 & 0.0677 & 0.0677 & 0.0677 & 0.0677 & 0 & 0 & 0 & 0 & 0 & 0 & 0 & 0 & 0 & 0 & 0 & 0 & 0 & 0 & 0 & 0 & 0 \\
0.0894 & 0.0894 & 0.0894 & 0.0894 & 0.0894 & 0.0894 & 0.0894 & 0.0894 & 0.0894 & 0.0894 & 0.0894 & 0.0894 & 0.0894 & 0 & 0 & 0 & 0 & 0 & 0 & 0 & 0 & 0 & 0 & 0 & 0 & 0 & 0 & 0 & 0 & 0 \\
0.0271 & 0.0271 & 0.0271 & 0.0271 & 0.0271 & 0.0271 & 0.0271 & 0.0271 & 0.0271 & 0.0271 & 0.0271 & 0.0271 & 0.0271 & 0 & 0 & 0 & 0 & 0 & 0 & 0 & 0 & 0 & 0 & 0 & 0 & 0 & 0 & 0 & 0 & 0 \\
0.0183 & 0.0183 & 0.0183 & 0.0183 & 0.0183 & 0.0183 & 0.0183 & 0.0183 & 0.0183 & 0.0183 & 0.0183 & 0.0183 & 0.0183 & 0 & 0 & 0 & 0 & 0 & 0 & 0 & 0 & 0 & 0 & 0 & 0 & 0 & 0 & 0 & 0 & 0 \\
0.0298 & 0.0298 & 0.0298 & 0.0298 & 0.0298 & 0.0298 & 0.0298 & 0.0298 & 0.0298 & 0.0298 & 0.0298 & 0.0298 & 0.0298 & 0 & 0 & 0 & 0 & 0 & 0 & 0 & 0 & 0 & 0 & 0 & 0 & 0 & 0 & 0 & 0 & 0 \\
0.0172 & 0.0172 & 0.0172 & 0.0172 & 0.0172 & 0.0172 & 0.0172 & 0.0172 & 0.0172 & 0.0172 & 0.0172 & 0.0172 & 0.0172 & 0 & 0 & 0 & 0 & 0 & 0 & 0 & 0 & 0 & 0 & 0 & 0 & 0 & 0 & 0 & 0 & 0 \\
0.0228 & 0.0228 & 0.0228 & 0.0228 & 0.0228 & 0.0228 & 0.0228 & 0.0228 & 0.0228 & 0.0228 & 0.0228 & 0.0228 & 0.0228 & 0 & 0 & 0 & 0 & 0 & 0 & 0 & 0 & 0 & 0 & 0 & 0 & 0 & 0 & 0 & 0 & 0 \\
0 & 0 & 0 & 0 & 0 & 0 & 0 & 0 & 0 & 0 & 0 & 0 & 0 & 1 & 0 & 0 & 0 & 0 & 0 & 0 & 0 & 0 & 0 & 0 & 0 & 0 & 0 & 0 & 0 & 0 \\
0 & 0 & 0 & 0 & 0 & 0 & 0 & 0 & 0 & 0 & 0 & 0 & 0 & 0 & 1 & 0 & 0 & 0 & 0 & 0 & 0 & 0 & 0 & 0 & 0 & 0 & 0 & 0 & 0 & 0 \\
0 & 0 & 0 & 0 & 0 & 0 & 0 & 0 & 0 & 0 & 0 & 0 & 0 & 0 & 0 & 1 & 0 & 0 & 0 & 0 & 0 & 0 & 0 & 0 & 0 & 0 & 0 & 0 & 0 & 0 \\
0 & 0 & 0 & 0 & 0 & 0 & 0 & 0 & 0 & 0 & 0 & 0 & 0 & 0 & 0 & 0 & 1 & 0 & 0 & 0 & 0 & 0 & 0 & 0 & 0 & 0 & 0 & 0 & 0 & 0 \\
0 & 0 & 0 & 0 & 0 & 0 & 0 & 0 & 0 & 0 & 0 & 0 & 0 & 0 & 0 & 0 & 0 & 1 & 0 & 0 & 0 & 0 & 0 & 0 & 0 & 0 & 0 & 0 & 0 & 0 \\
0 & 0 & 0 & 0 & 0 & 0 & 0 & 0 & 0 & 0 & 0 & 0 & 0 & 0 & 0 & 0 & 0 & 0 & 1 & 0 & 0 & 0 & 0 & 0 & 0 & 0 & 0 & 0 & 0 & 0 \\
0 & 0 & 0 & 0 & 0 & 0 & 0 & 0 & 0 & 0 & 0 & 0 & 0 & 0 & 0 & 0 & 0 & 0 & 0 & 1 & 0 & 0 & 0 & 0 & 0 & 0 & 0 & 0 & 0 & 0 \\
0 & 0 & 0 & 0 & 0 & 0 & 0 & 0 & 0 & 0 & 0 & 0 & 0 & 0 & 0 & 0 & 0 & 0 & 0 & 0 & 1 & 0 & 0 & 0 & 0 & 0 & 0 & 0 & 0 & 0 \\
0 & 0 & 0 & 0 & 0 & 0 & 0 & 0 & 0 & 0 & 0 & 0 & 0 & 0 & 0 & 0 & 0 & 0 & 0 & 0 & 0 & 1 & 0 & 0 & 0 & 0 & 0 & 0 & 0 & 0 \\
0 & 0 & 0 & 0 & 0 & 0 & 0 & 0 & 0 & 0 & 0 & 0 & 0 & 0 & 0 & 0 & 0 & 0 & 0 & 0 & 0 & 0 & 1 & 0 & 0 & 0 & 0 & 0 & 0 & 0 \\
0 & 0 & 0 & 0 & 0 & 0 & 0 & 0 & 0 & 0 & 0 & 0 & 0 & 0 & 0 & 0 & 0 & 0 & 0 & 0 & 0 & 0 & 0 & 1 & 0 & 0 & 0 & 0 & 0 & 0 \\
0 & 0 & 0 & 0 & 0 & 0 & 0 & 0 & 0 & 0 & 0 & 0 & 0 & 0 & 0 & 0 & 0 & 0 & 0 & 0 & 0 & 0 & 0 & 0 & 1 & 0 & 0 & 0 & 0 & 0 \\
0 & 0 & 0 & 0 & 0 & 0 & 0 & 0 & 0 & 0 & 0 & 0 & 0 & 0 & 0 & 0 & 0 & 0 & 0 & 0 & 0 & 0 & 0 & 0 & 0 & 1 & 0 & 0 & 0 & 0 \\
0 & 0 & 0 & 0 & 0 & 0 & 0 & 0 & 0 & 0 & 0 & 0 & 0 & 0 & 0 & 0 & 0 & 0 & 0 & 0 & 0 & 0 & 0 & 0 & 0 & 0 & 1 & 0 & 0 & 0 \\
0 & 0 & 0 & 0 & 0 & 0 & 0 & 0 & 0 & 0 & 0 & 0 & 0 & 0 & 0 & 0 & 0 & 0 & 0 & 0 & 0 & 0 & 0 & 0 & 0 & 0 & 0 & 1 & 0 & 0 \\
0 & 0 & 0 & 0 & 0 & 0 & 0 & 0 & 0 & 0 & 0 & 0 & 0 & 0 & 0 & 0 & 0 & 0 & 0 & 0 & 0 & 0 & 0 & 0 & 0 & 0 & 0 & 0 & 1 & 0 \\
0 & 0 & 0 & 0 & 0 & 0 & 0 & 0 & 0 & 0 & 0 & 0 & 0 & 0 & 0 & 0 & 0 & 0 & 0 & 0 & 0 & 0 & 0 & 0 & 0 & 0 & 0 & 0 & 0 & 1
\end{pmatrix}
$$

附图 11　尖锥网络分析法规划设计阶段矩阵 B

$$Q=$$

附图 12　尖锥网络分析法法规划设计阶段矩阵 Q

附图 13　尖锥网络分析法建设开采阶段矩阵 A

附图 14　尖锥网络分析法建设开采阶段矩阵 B

$$Q=\begin{bmatrix}
0.0271 & 0.0271 \\
0.0335 & 0.0335 \\
0.0943 & 0.0943 \\
0.0216 & 0.0216 \\
0.0625 & 0.0625 \\
0.0299 & 0.0299 \\
0.0790 & 0.0790 \\
0.0094 & 0.0094 \\
0.0213 & 0.0213 \\
0.0135 & 0.0135 \\
0.0057 & 0.0057 \\
0.0404 & 0.0404 \\
0.0475 & 0.0475 \\
0.0306 & 0.0306 \\
0.0282 & 0.0282 \\
0.0303 & 0.0303 \\
0.0110 & 0.0110 \\
0.0189 & 0.0189 \\
0.0235 & 0.0235 \\
0.0202 & 0.0202 \\
0.0245 & 0.0245 \\
0.0184 & 0.0184 \\
0.0120 & 0.0120 \\
0.0082 & 0.0082 \\
0.0118 & 0.0118 \\
0.0367 & 0.0367 \\
0.0041 & 0.0041 \\
0.0038 & 0.0038 \\
0.0384 & 0.0384 \\
0.0106 & 0.0106 \\
0.1217 & 0.1217 \\
0.0141 & 0.0141 \\
0.0315 & 0.0315 \\
0.0076 & 0.0076 \\
0.0082 & 0.0082
\end{bmatrix}$$

附图 15　尖锥网络分析法建设开采阶段矩阵 Q

$A=$

附图 16　尖锥网络分析法闭坑整治阶段冶矩阵 A

$$
B=\begin{bmatrix}
0.0446 & 0.0446 & 0.0446 & 0.0446 & 0.0446 & 0.0446 & 0.0446 & 0.0446 & 0.0446 & \cdots & 0.0000 \\
0.0208 & 0.0208 & 0.0208 & 0.0208 & 0.0208 & 0.0208 & 0.0208 & 0.0208 & 0.0208 & \cdots & 0.0000 \\
0.0079 & 0.0079 & 0.0079 & 0.0079 & 0.0079 & 0.0079 & 0.0079 & 0.0079 & 0.0079 & \cdots & 0.0000 \\
0.0507 & 0.0507 & 0.0507 & 0.0507 & 0.0507 & 0.0507 & 0.0507 & 0.0507 & 0.0507 & \cdots & 0.0000 \\
0.0119 & 0.0119 & 0.0119 & 0.0119 & 0.0119 & 0.0119 & 0.0119 & 0.0119 & 0.0119 & \cdots & 0.0000 \\
0.0315 & 0.0315 & 0.0315 & 0.0315 & 0.0315 & 0.0315 & 0.0315 & 0.0315 & 0.0315 & \cdots & 0.0000 \\
0.0185 & 0.0185 & 0.0185 & 0.0185 & 0.0185 & 0.0185 & 0.0185 & 0.0185 & 0.0185 & \cdots & 0.0000 \\
0.2621 & 0.2621 & 0.2621 & 0.2621 & 0.2621 & 0.2621 & 0.2621 & 0.2621 & 0.2621 & \cdots & 0.0000 \\
0.0123 & 0.0123 & 0.0123 & 0.0123 & 0.0123 & 0.0123 & 0.0123 & 0.0123 & 0.0123 & \cdots & 0.0000 \\
0.0632 & 0.0632 & 0.0632 & 0.0632 & 0.0632 & 0.0632 & 0.0632 & 0.0632 & 0.0632 & \cdots & 0.0000 \\
0.0711 & 0.0711 & 0.0711 & 0.0711 & 0.0711 & 0.0711 & 0.0711 & 0.0711 & 0.0711 & \cdots & 0.0000 \\
0.0312 & 0.0312 & 0.0312 & 0.0312 & 0.0312 & 0.0312 & 0.0312 & 0.0312 & 0.0312 & \cdots & 0.0000 \\
0.0263 & 0.0263 & 0.0263 & 0.0263 & 0.0263 & 0.0263 & 0.0263 & 0.0263 & 0.0263 & \cdots & 0.0000 \\
0.1981 & 0.1981 & 0.1981 & 0.1981 & 0.1981 & 0.1981 & 0.1981 & 0.1981 & 0.1981 & \cdots & 0.0000 \\
0.0386 & 0.0386 & 0.0386 & 0.0386 & 0.0386 & 0.0386 & 0.0386 & 0.0386 & 0.0386 & \cdots & 0.0000 \\
0.0450 & 0.0450 & 0.0450 & 0.0450 & 0.0450 & 0.0450 & 0.0450 & 0.0450 & 0.0450 & \cdots & 0.0000 \\
0.0661 & 0.0661 & 0.0661 & 0.0661 & 0.0661 & 0.0661 & 0.0661 & 0.0661 & 0.0661 & \cdots & 0.0000 \\
0.0000 & 0.0000 & 0.0000 & 0.0000 & 0.0000 & 0.0000 & 0.0000 & 0.0000 & 1.0000 & \cdots & 0.0000 \\
\vdots & & & & & & & & & \ddots & \vdots \\
0.0000 & 0.0000 & 0.0000 & 0.0000 & 0.0000 & 0.0000 & 0.0000 & 0.0000 & 0.0000 & \cdots & 1.0000 \\
\end{bmatrix}
$$

附图 17 尖锥网络分析法闭坑整治阶段矩阵 B

$$Q=$$

附图 18　尖锥网络分析法闭坑整冶阶段矿阵 Q

$$
A=\begin{pmatrix}
0 & 0.0435 & 0.0705 & 0.1048 & 0.0961 & 0.0356 & 0.0341 & 0.0264 & 0.1556 & 0 & 0.0356 & 0.0590 & 0 & 0.0754 & 0 & 0.0431 & 0 & 0.0843 & 0 & 0 & 0.0441 & 0.0512 & 0 & 0 & 0 & 0.2548 & 0 & 0 & 0 & 0 \\
0.0382 & 0 & 0.0480 & 0.1016 & 0.1107 & 0.0562 & 0 & 0.0395 & 0.1889 & 0 & 0.0469 & 0.0670 & 0 & 0 & 0 & 0 & 0 & 0 & 0.0949 & 0.0898 & 0 & 0 & 0 & 0.1959 & 0.1993 & 0.4579 & 0 & 0 & 0 & 0 \\
0.0612 & 0.0563 & 0 & 0.0868 & 0.1438 & 0 & 0.0502 & 0.0374 & 0 & 0 & 0 & 0 & 0 & 0 & 0 & 0 & 0.0959 & 0 & 0 & 0.1354 & 0.0467 & 0 & 0 & 0 & 0 & 0 & 0 & 0 & 0 & 0 \\
0.0373 & 0.0528 & 0 & 0 & 0.1225 & 0.0330 & 0 & 0.0170 & 0.1076 & 0 & 0 & 0 & 0 & 0.0469 & 0 & 0 & 0 & 0 & 0 & 0 & 0 & 0.1301 & 0 & 0 & 0 & 0.1826 & 0 & 0 & 0 & 0 \\
0.0263 & 0.0268 & 0.0383 & 0.0468 & 0 & 0.0758 & 0 & 0.0366 & 0.1456 & 0 & 0.0306 & 0.0508 & 0.1609 & 0 & 0.2872 & 0 & 0 & 0 & 0 & 0 & 0 & 0 & 0 & 0 & 0 & 0 & 0 & 0 & 0 & 0.0378 \\
0.0489 & 0.0449 & 0.0700 & 0.1096 & 0.0950 & 0 & 0.0897 & 0.0277 & 0.0944 & 0 & 0.0508 & 0 & 0.0788 & 0 & 0 & 0 & 0 & 0 & 0.0554 & 0.0784 & 0 & 0.1323 & 0 & 0.0533 & 0.0684 & 0 & 0 & 0 & 0 & 0 \\
0.0353 & 0 & 0 & 0 & 0 & 0.0393 & 0 & 0 & 0 & 0 & 0 & 0 & 0 & 0 & 0 & 0.0795 & 0.0360 & 0.0276 & 0.3045 & 0 & 0.1382 & 0 & 0 & 0 & 0 & 0 & 0 & 0 & 0 & 0 \\
0.0227 & 0.0215 & 0.0703 & 0.0913 & 0.0551 & 0.0216 & 0 & 0 & 0.1082 & 0 & 0.0786 & 0.0454 & 0.0677 & 0 & 0.0780 & 0 & 0 & 0 & 0 & 0 & 0 & 0.1218 & 0 & 0 & 0 & 0 & 0.3333 & 0.1667 & 0.0666 & 0 \\
0.0254 & 0.0210 & 0 & 0.0579 & 0.0432 & 0.0673 & 0 & 0.0557 & 0 & 0 & 0.1329 & 0.0318 & 0.1131 & 0 & 0 & 0 & 0 & 0 & 0 & 0 & 0 & 0 & 0 & 0 & 0 & 0 & 0 & 0 & 0 & 0 \\
0 & 0 & 0 & 0 & 0 & 0 & 0 & 0 & 0 & 0 & 0 & 0 & 0.0811 & 0 & 0 & 0 & 0 & 0 & 0 & 0 & 0 & 0 & 0 & 0 & 0 & 0 & 0 & 0 & 0 & 0.0242 \\
0.0215 & 0.0153 & 0 & 0.0522 & 0.0259 & 0.0739 & 0 & 0.0627 & 0.0783 & 0 & 0 & 0.0653 & 0.1360 & 0 & 0 & 0 & 0 & 0 & 0 & 0 & 0.1056 & 0 & 0 & 0 & 0 & 0 & 0 & 0 & 0 & 0 \\
0.0232 & 0.0230 & 0 & 0.0581 & 0.0300 & 0 & 0 & 0.0844 & 0.0691 & 0 & 0.1543 & 0 & 0 & 0 & 0 & 0 & 0 & 0 & 0.1047 & 0 & 0.0976 & 0 & 0 & 0 & 0 & 0 & 0 & 0 & 0 & 0 \\
0 & 0 & 0 & 0.0660 & 0.0440 & 0.0900 & 0 & 0.0497 & 0.0523 & 0.5000 & 0.0822 & 0.1214 & 0 & 0 & 0 & 0.6824 & 0 & 0 & 0 & 0 & 0 & 0 & 0 & 0 & 0 & 0 & 0 & 0 & 0 & 0.0594 \\
0.0386 & 0 & 0.1058 & 0 & 0 & 0 & 0 & 0 & 0 & 0 & 0 & 0 & 0 & 0 & 0 & 0 & 0.6468 & 0 & 0 & 0 & 0 & 0 & 0 & 0 & 0 & 0 & 0 & 0 & 0 & 0.1245 \\
0 & 0 & 0 & 0.0612 & 0.0543 & 0 & 0 & 0.0923 & 0 & 0 & 0 & 0 & 0 & 0.2114 & 0 & 0 & 0 & 0 & 0 & 0 & 0 & 0 & 0 & 0 & 0 & 0 & 0 & 0 & 0.4667 & 0 \\
0.0685 & 0 & 0 & 0 & 0 & 0 & 0.3914 & 0 & 0 & 0 & 0 & 0 & 0 & 0.4159 & 0 & 0 & 0 & 0.3008 & 0 & 0 & 0.0655 & 0 & 0 & 0 & 0 & 0 & 0 & 0 & 0 & 0 \\
0 & 0 & 0 & 0 & 0 & 0 & 0.2755 & 0 & 0 & 0 & 0 & 0 & 0 & 0 & 0 & 0.0973 & 0 & 0 & 0 & 0 & 0.0789 & 0 & 0 & 0 & 0 & 0 & 0 & 0 & 0 & 0 \\
0.0899 & 0 & 0 & 0 & 0 & 0 & 0.0620 & 0 & 0 & 0 & 0 & 0 & 0 & 0 & 0 & 0 & 0 & 0 & 0 & 0 & 0.1088 & 0 & 0 & 0 & 0 & 0 & 0 & 0 & 0 & 0 \\
0 & 0.0854 & 0 & 0 & 0 & 0.0316 & 0.0416 & 0 & 0 & 0 & 0 & 0.2448 & 0 & 0 & 0 & 0 & 0 & 0 & 0 & 0.4297 & 0.1304 & 0.1657 & 0 & 0 & 0 & 0 & 0 & 0 & 0 & 0 \\
0 & 0.1004 & 0 & 0 & 0 & 0.0825 & 0 & 0 & 0 & 0 & 0 & 0 & 0 & 0 & 0 & 0 & 0 & 0 & 0.1204 & 0 & 0.0964 & 0.0579 & 0 & 0 & 0 & 0 & 0 & 0 & 0 & 0 \\
0.0826 & 0 & 0.2650 & 0 & 0 & 0 & 0.0555 & 0 & 0 & 0 & 0.3881 & 0.3145 & 0 & 0 & 0 & 0.0977 & 0.2213 & 0.5873 & 0.1815 & 0.1297 & 0 & 0.0879 & 0 & 0 & 0 & 0 & 0 & 0 & 0 & 0 \\
0.0988 & 0 & 0.2733 & 0 & 0 & 0.0581 & 0 & 0.0392 & 0 & 0 & 0 & 0 & 0 & 0 & 0 & 0 & 0 & 0 & 0.1386 & 0.1370 & 0.0878 & 0 & 0 & 0 & 0 & 0 & 0 & 0 & 0.4667 & 0 \\
0 & 0 & 0 & 0 & 0 & 0 & 0 & 0 & 0 & 0 & 0 & 0 & 0 & 0 & 0 & 0 & 0 & 0 & 0 & 0 & 0 & 0 & 0 & 0.7508 & 0.7323 & 0.1047 & 0 & 0 & 0 & 0 \\
0 & 0.1267 & 0 & 0 & 0 & 0.1325 & 0 & 0 & 0 & 0 & 0 & 0 & 0 & 0 & 0 & 0 & 0 & 0 & 0 & 0 & 0 & 0 & 0.2280 & 0 & 0 & 0 & 0 & 0 & 0 & 0 \\
0 & 0.2083 & 0 & 0 & 0 & 0.2026 & 0 & 0 & 0 & 0 & 0 & 0 & 0 & 0 & 0 & 0 & 0 & 0 & 0 & 0 & 0 & 0 & 0.4538 & 0 & 0 & 0 & 0 & 0 & 0 & 0 \\
0.2816 & 0.1741 & 0 & 0 & 0 & 0 & 0 & 0 & 0 & 0 & 0 & 0 & 0 & 0 & 0 & 0 & 0 & 0 & 0 & 0 & 0 & 0 & 0.3182 & 0 & 0 & 0 & 0 & 0 & 0 & 0 \\
0 & 0 & 0 & 0 & 0 & 0 & 0 & 0.1731 & 0 & 0 & 0 & 0 & 0 & 0 & 0 & 0 & 0 & 0 & 0 & 0 & 0 & 0 & 0 & 0 & 0 & 0 & 0 & 0 & 0 & 0.2228 \\
0 & 0 & 0 & 0 & 0 & 0 & 0 & 0.1296 & 0 & 0 & 0 & 0 & 0 & 0 & 0 & 0 & 0 & 0 & 0 & 0 & 0 & 0 & 0 & 0 & 0 & 0 & 0 & 0 & 0 & 0.5313 \\
0 & 0 & 0 & 0 & 0 & 0 & 0 & 0.1287 & 0 & 0 & 0 & 0 & 0 & 0 & 0.6348 & 0 & 0 & 0 & 0 & 0 & 0 & 0.2531 & 0 & 0 & 0 & 0 & 0 & 0 & 0 & 0 \\
0 & 0 & 0 & 0.1637 & 0.1794 & 0 & 0 & 0 & 0 & 0.5000 & 0 & 0 & 0.2880 & 0.2504 & 0 & 0 & 0 & 0 & 0 & 0 & 0 & 0 & 0 & 0 & 0 & 0 & 0.6667 & 0.8333 & 0 & 0
\end{pmatrix}
$$

附图 19 “多锥共底”模型规划设计阶段矩阵 A

$$
B=\begin{pmatrix}
0.1142 & 0.1142 & 0.1142 & 0.1142 & 0.1142 & 0.1142 & 0.1142 & 0.1142 & 0.1142 & 0.1142 & 0.1142 & 0.1142 & 0.1142 & 0 & 0 & 0 & 0 & 0 & 0 & 0 & 0 & 0 & 0 & 0 & 0 & 0 & 0 & 0 & 0 & 0 \\
0.1227 & 0.1227 & 0.1227 & 0.1227 & 0.1227 & 0.1227 & 0.1227 & 0.1227 & 0.1227 & 0.1227 & 0.1227 & 0.1227 & 0.1227 & 0 & 0 & 0 & 0 & 0 & 0 & 0 & 0 & 0 & 0 & 0 & 0 & 0 & 0 & 0 & 0 & 0 \\
0.1151 & 0.1151 & 0.1151 & 0.1151 & 0.1151 & 0.1151 & 0.1151 & 0.1151 & 0.1151 & 0.1151 & 0.1151 & 0.1151 & 0.1151 & 0 & 0 & 0 & 0 & 0 & 0 & 0 & 0 & 0 & 0 & 0 & 0 & 0 & 0 & 0 & 0 & 0 \\
0.0756 & 0.0756 & 0.0756 & 0.0756 & 0.0756 & 0.0756 & 0.0756 & 0.0756 & 0.0756 & 0.0756 & 0.0756 & 0.0756 & 0.0756 & 0 & 0 & 0 & 0 & 0 & 0 & 0 & 0 & 0 & 0 & 0 & 0 & 0 & 0 & 0 & 0 & 0 \\
0.1172 & 0.1172 & 0.1172 & 0.1172 & 0.1172 & 0.1172 & 0.1172 & 0.1172 & 0.1172 & 0.1172 & 0.1172 & 0.1172 & 0.1172 & 0 & 0 & 0 & 0 & 0 & 0 & 0 & 0 & 0 & 0 & 0 & 0 & 0 & 0 & 0 & 0 & 0 \\
0.1831 & 0.1831 & 0.1831 & 0.1831 & 0.1831 & 0.1831 & 0.1831 & 0.1831 & 0.1831 & 0.1831 & 0.1831 & 0.1831 & 0.1831 & 0 & 0 & 0 & 0 & 0 & 0 & 0 & 0 & 0 & 0 & 0 & 0 & 0 & 0 & 0 & 0 & 0 \\
0.0677 & 0.0677 & 0.0677 & 0.0677 & 0.0677 & 0.0677 & 0.0677 & 0.0677 & 0.0677 & 0.0677 & 0.0677 & 0.0677 & 0.0677 & 0 & 0 & 0 & 0 & 0 & 0 & 0 & 0 & 0 & 0 & 0 & 0 & 0 & 0 & 0 & 0 & 0 \\
0.0894 & 0.0894 & 0.0894 & 0.0894 & 0.0894 & 0.0894 & 0.0894 & 0.0894 & 0.0894 & 0.0894 & 0.0894 & 0.0894 & 0.0894 & 0 & 0 & 0 & 0 & 0 & 0 & 0 & 0 & 0 & 0 & 0 & 0 & 0 & 0 & 0 & 0 & 0 \\
0.0271 & 0.0271 & 0.0271 & 0.0271 & 0.0271 & 0.0271 & 0.0271 & 0.0271 & 0.0271 & 0.0271 & 0.0271 & 0.0271 & 0.0271 & 0 & 0 & 0 & 0 & 0 & 0 & 0 & 0 & 0 & 0 & 0 & 0 & 0 & 0 & 0 & 0 & 0 \\
0.0183 & 0.0183 & 0.0183 & 0.0183 & 0.0183 & 0.0183 & 0.0183 & 0.0183 & 0.0183 & 0.0183 & 0.0183 & 0.0183 & 0.0183 & 0 & 0 & 0 & 0 & 0 & 0 & 0 & 0 & 0 & 0 & 0 & 0 & 0 & 0 & 0 & 0 & 0 \\
0.0298 & 0.0298 & 0.0298 & 0.0298 & 0.0298 & 0.0298 & 0.0298 & 0.0298 & 0.0298 & 0.0298 & 0.0298 & 0.0298 & 0.0298 & 0 & 0 & 0 & 0 & 0 & 0 & 0 & 0 & 0 & 0 & 0 & 0 & 0 & 0 & 0 & 0 & 0 \\
0.0172 & 0.0172 & 0.0172 & 0.0172 & 0.0172 & 0.0172 & 0.0172 & 0.0172 & 0.0172 & 0.0172 & 0.0172 & 0.0172 & 0.0172 & 0 & 0 & 0 & 0 & 0 & 0 & 0 & 0 & 0 & 0 & 0 & 0 & 0 & 0 & 0 & 0 & 0 \\
0.0228 & 0.0228 & 0.0228 & 0.0228 & 0.0228 & 0.0228 & 0.0228 & 0.0228 & 0.0228 & 0.0228 & 0.0228 & 0.0228 & 0.0228 & 0 & 0 & 0 & 0 & 0 & 0 & 0 & 0 & 0 & 0 & 0 & 0 & 0 & 0 & 0 & 0 & 0 \\
0 & 0 & 0 & 0 & 0 & 0 & 0 & 0 & 0 & 0 & 0 & 0 & 0 & 1 & 0 & 0 & 0 & 0 & 0 & 0 & 0 & 0 & 0 & 0 & 0 & 0 & 0 & 0 & 0 & 0 \\
0 & 0 & 0 & 0 & 0 & 0 & 0 & 0 & 0 & 0 & 0 & 0 & 0 & 0 & 1 & 0 & 0 & 0 & 0 & 0 & 0 & 0 & 0 & 0 & 0 & 0 & 0 & 0 & 0 & 0 \\
0 & 0 & 0 & 0 & 0 & 0 & 0 & 0 & 0 & 0 & 0 & 0 & 0 & 0 & 0 & 1 & 0 & 0 & 0 & 0 & 0 & 0 & 0 & 0 & 0 & 0 & 0 & 0 & 0 & 0 \\
0 & 0 & 0 & 0 & 0 & 0 & 0 & 0 & 0 & 0 & 0 & 0 & 0 & 0 & 0 & 0 & 1 & 0 & 0 & 0 & 0 & 0 & 0 & 0 & 0 & 0 & 0 & 0 & 0 & 0 \\
0 & 0 & 0 & 0 & 0 & 0 & 0 & 0 & 0 & 0 & 0 & 0 & 0 & 0 & 0 & 0 & 0 & 1 & 0 & 0 & 0 & 0 & 0 & 0 & 0 & 0 & 0 & 0 & 0 & 0 \\
0 & 0 & 0 & 0 & 0 & 0 & 0 & 0 & 0 & 0 & 0 & 0 & 0 & 0 & 0 & 0 & 0 & 0 & 1 & 0 & 0 & 0 & 0 & 0 & 0 & 0 & 0 & 0 & 0 & 0 \\
0 & 0 & 0 & 0 & 0 & 0 & 0 & 0 & 0 & 0 & 0 & 0 & 0 & 0 & 0 & 0 & 0 & 0 & 0 & 1 & 0 & 0 & 0 & 0 & 0 & 0 & 0 & 0 & 0 & 0 \\
0 & 0 & 0 & 0 & 0 & 0 & 0 & 0 & 0 & 0 & 0 & 0 & 0 & 0 & 0 & 0 & 0 & 0 & 0 & 0 & 1 & 0 & 0 & 0 & 0 & 0 & 0 & 0 & 0 & 0 \\
0 & 0 & 0 & 0 & 0 & 0 & 0 & 0 & 0 & 0 & 0 & 0 & 0 & 0 & 0 & 0 & 0 & 0 & 0 & 0 & 0 & 1 & 0 & 0 & 0 & 0 & 0 & 0 & 0 & 0 \\
0 & 0 & 0 & 0 & 0 & 0 & 0 & 0 & 0 & 0 & 0 & 0 & 0 & 0 & 0 & 0 & 0 & 0 & 0 & 0 & 0 & 0 & 1 & 0 & 0 & 0 & 0 & 0 & 0 & 0 \\
0 & 0 & 0 & 0 & 0 & 0 & 0 & 0 & 0 & 0 & 0 & 0 & 0 & 0 & 0 & 0 & 0 & 0 & 0 & 0 & 0 & 0 & 0 & 1 & 0 & 0 & 0 & 0 & 0 & 0 \\
0 & 0 & 0 & 0 & 0 & 0 & 0 & 0 & 0 & 0 & 0 & 0 & 0 & 0 & 0 & 0 & 0 & 0 & 0 & 0 & 0 & 0 & 0 & 0 & 1 & 0 & 0 & 0 & 0 & 0 \\
0 & 0 & 0 & 0 & 0 & 0 & 0 & 0 & 0 & 0 & 0 & 0 & 0 & 0 & 0 & 0 & 0 & 0 & 0 & 0 & 0 & 0 & 0 & 0 & 0 & 1 & 0 & 0 & 0 & 0 \\
0 & 0 & 0 & 0 & 0 & 0 & 0 & 0 & 0 & 0 & 0 & 0 & 0 & 0 & 0 & 0 & 0 & 0 & 0 & 0 & 0 & 0 & 0 & 0 & 0 & 0 & 1 & 0 & 0 & 0 \\
0 & 0 & 0 & 0 & 0 & 0 & 0 & 0 & 0 & 0 & 0 & 0 & 0 & 0 & 0 & 0 & 0 & 0 & 0 & 0 & 0 & 0 & 0 & 0 & 0 & 0 & 0 & 1 & 0 & 0 \\
0 & 0 & 0 & 0 & 0 & 0 & 0 & 0 & 0 & 0 & 0 & 0 & 0 & 0 & 0 & 0 & 0 & 0 & 0 & 0 & 0 & 0 & 0 & 0 & 0 & 0 & 0 & 0 & 1 & 0 \\
0 & 0 & 0 & 0 & 0 & 0 & 0 & 0 & 0 & 0 & 0 & 0 & 0 & 0 & 0 & 0 & 0 & 0 & 0 & 0 & 0 & 0 & 0 & 0 & 0 & 0 & 0 & 0 & 0 & 1
\end{pmatrix}
$$

附图 20 “多锥共底”模型规划设计阶段矩阵 B

Q=

0.0501	0.0501	0.0501	0.0501	0.0501	0.0501	0.0501	0.0501	0.0501	0.0501	0.0501	0.0501	0.0501	0.0754	0	0.0431	0	0.0843	0	0	0.0441	0.0512	0	0	0	0.2548	0	0	0	0
0.0520	0.0520	0.0520	0.0520	0.0520	0.0520	0.0520	0.0520	0.0520	0.0520	0.0520	0.0520	0.0520	0	0	0	0	0	0.0949	0.0898	0	0	0	0.1959	0.1993	0.4579	0	0	0	0
0.0441	0.0441	0.0441	0.0441	0.0441	0.0441	0.0441	0.0441	0.0441	0.0441	0.0441	0.0441	0.0441	0	0	0	0.0959	0	0	0.1354	0.0467	0	0	0	0	0	0	0	0	0
0.0356	0.0356	0.0356	0.0356	0.0356	0.0356	0.0356	0.0356	0.0356	0.0356	0.0356	0.0356	0.0356	0.0469	0	0	0	0	0	0	0	0.1301	0	0	0	0.1826	0	0	0	0
0.0408	0.0408	0.0408	0.0408	0.0408	0.0408	0.0408	0.0408	0.0408	0.0408	0.0408	0.0408	0.0408	0	0.2872	0	0	0	0	0	0	0	0	0	0	0	0	0	0	0.0378
0.0530	0.0530	0.0530	0.0530	0.0530	0.0530	0.0530	0.0530	0.0530	0.0530	0.0530	0.0530	0.0530	0	0	0	0	0	0.0554	0.0784	0	0.1323	0	0.0533	0.0684	0	0	0	0	0
0.0112	0.0112	0.0112	0.0112	0.0112	0.0112	0.0112	0.0112	0.0112	0.0112	0.0112	0.0112	0.0112	0	0	0.0795	0.0360	0.0276	0.3045	0	0.1382	0	0	0	0	0	0	0	0	0
0.0382	0.0382	0.0382	0.0382	0.0382	0.0382	0.0382	0.0382	0.0382	0.0382	0.0382	0.0382	0.0382	0	0.0780	0	0	0	0	0	0	0.1218	0	0	0	0	0.3333	0.1667	0.0666	0
0.0452	0.0452	0.0452	0.0452	0.0452	0.0452	0.0452	0.0452	0.0452	0.0452	0.0452	0.0452	0.0452	0	0	0	0	0	0	0	0	0	0	0	0	0	0	0	0	0
0.0026	0.0026	0.0026	0.0026	0.0026	0.0026	0.0026	0.0026	0.0026	0.0026	0.0026	0.0026	0.0026	0	0	0	0	0	0	0	0	0	0	0	0	0	0	0	0	0.0242
0.0355	0.0355	0.0355	0.0355	0.0355	0.0355	0.0355	0.0355	0.0355	0.0355	0.0355	0.0355	0.0355	0	0	0	0	0	0	0	0.1056	0	0	0	0	0	0	0	0	0
0.0305	0.0305	0.0305	0.0305	0.0305	0.0305	0.0305	0.0305	0.0305	0.0305	0.0305	0.0305	0.0305	0	0	0	0	0	0.1047	0	0.0976	0	0	0	0	0	0	0	0	0
0.0461	0.0461	0.0461	0.0461	0.0461	0.0461	0.0461	0.0461	0.0461	0.0461	0.0461	0.0461	0.0461	0	0	0	0	0	0	0	0	0	0	0	0	0	0	0	0	0.0594
0.0166	0.0166	0.0166	0.0166	0.0166	0.0166	0.0166	0.0166	0.0166	0.0166	0.0166	0.0166	0.0166	0	0	0.6824	0.6468	0	0	0	0	0	0	0	0	0	0	0	0	0.1245
0.0192	0.0192	0.0192	0.0192	0.0192	0.0192	0.0192	0.0192	0.0192	0.0192	0.0192	0.0192	0.0192	0	0	0	0	0	0	0	0	0	0	0	0	0	0	0	0.4667	0
0.0343	0.0343	0.0343	0.0343	0.0343	0.0343	0.0343	0.0343	0.0343	0.0343	0.0343	0.0343	0.0343	0.2114	0	0	0	0.3008	0	0	0.0655	0	0	0	0	0	0	0	0	0
0.0187	0.0187	0.0187	0.0187	0.0187	0.0187	0.0187	0.0187	0.0187	0.0187	0.0187	0.0187	0.0187	0.4159	0	0	0	0	0	0	0.0789	0	0	0	0	0	0	0	0	0
0.0145	0.0145	0.0145	0.0145	0.0145	0.0145	0.0145	0.0145	0.0145	0.0145	0.0145	0.0145	0.0145	0	0	0.0973	0	0	0	0	0.1088	0	0	0	0	0	0	0	0	0
0.0233	0.0233	0.0233	0.0233	0.0233	0.0233	0.0233	0.0233	0.0233	0.0233	0.0233	0.0233	0.0233	0	0	0	0	0	0	0.4297	0.1304	0.1657	0	0	0	0	0	0	0	0
0.0274	0.0274	0.0274	0.0274	0.0274	0.0274	0.0274	0.0274	0.0274	0.0274	0.0274	0.0274	0.0274	0	0	0	0	0	0.1204	0	0.0964	0.0579	0	0	0	0	0	0	0	0
0.0607	0.0607	0.0607	0.0607	0.0607	0.0607	0.0607	0.0607	0.0607	0.0607	0.0607	0.0607	0.0607	0	0	0.0977	0.2213	0.5873	0.1805	0.1297	0	0.0879	0	0	0	0	0	0	0	0
0.0569	0.0569	0.0569	0.0569	0.0569	0.0569	0.0569	0.0569	0.0569	0.0569	0.0569	0.0569	0.0569	0	0	0	0	0	0.1386	0.1370	0.0878	0	0	0	0	0	0	0	0.4667	0
0	0	0	0	0	0	0	0	0	0	0	0	0	0	0	0	0	0	0	0	0	0	0	0.7508	0.7323	0.1047	0	0	0	0
0.0398	0.0398	0.0398	0.0398	0.0398	0.0398	0.0398	0.0398	0.0398	0.0398	0.0398	0.0398	0.0398	0	0	0	0	0	0	0	0	0	0.2280	0	0	0	0	0	0	0
0.0626	0.0626	0.0626	0.0626	0.0626	0.0626	0.0626	0.0626	0.0626	0.0626	0.0626	0.0626	0.0626	0	0	0	0	0	0	0	0	0	0.4538	0	0	0	0	0	0	0
0.0535	0.0535	0.0535	0.0535	0.0535	0.0535	0.0535	0.0535	0.0535	0.0535	0.0535	0.0535	0.0535	0	0	0	0	0	0	0	0	0	0.3182	0	0	0	0	0	0	0
0.0155	0.0155	0.0155	0.0155	0.0155	0.0155	0.0155	0.0155	0.0155	0.0155	0.0155	0.0155	0.0155	0	0	0	0	0	0	0	0	0	0	0	0	0	0	0	0	0.2228
0.0116	0.0116	0.0116	0.0116	0.0116	0.0116	0.0116	0.0116	0.0116	0.0116	0.0116	0.0116	0.0116	0	0	0	0	0	0	0	0	0	0	0	0	0	0	0	0	0.5313
0.0115	0.0115	0.0115	0.0115	0.0115	0.0115	0.0115	0.0115	0.0115	0.0115	0.0115	0.0115	0.0115	0	0.6348	0	0	0	0	0	0	0.2531	0	0	0	0	0	0	0	0
0.0491	0.0491	0.0491	0.0491	0.0491	0.0491	0.0491	0.0491	0.0491	0.0491	0.0491	0.0491	0.0491	0.2504	0	0	0	0	0	0	0	0	0	0	0	0	0.6667	0.8333	0	0

附图 21 “多锥共底”模型规划设计阶段矩阵 Q

$A=$ 附图 22 "多维共底"模型建设开采阶段矩阵 A

$B=$ 附图 23 "多维共底"模型建设开采阶段矩阵 B

附图 24 "多维共底"模型建设开采阶段矩阵 Q

```
     ⎡ 0.0000 0.0000 0.0000 0.0000 0.0081 0.0571 0.0560 0.0000 0.0000 0.0451 0.0094 0.0907 0.0000 0.0000 0.0810 0.0000 0.0000 0.0000 0.0000 0.0000 0.0000 0.0000 0.0344 0.0526 0.0000 0.0510 0.0202 ⎤
     ⎢ 0.0000 0.0000 0.0805 0.0000 0.0000 0.0000 0.0000 0.0000 0.0000 0.0000 0.0000 0.0000 0.0000 0.0000 0.0000 0.0000 0.0000 0.0000 0.0256 0.0000 0.0000 0.0363 0.0507 0.0000 0.5722 0.0000 0.0000 ⎥
     ⎢ 0.0000 0.0324 0.0000 0.0580 0.0000 0.0000 0.0000 0.0000 0.0150 0.0000 0.0000 0.0000 0.0000 0.0433 0.0000 0.0000 0.0000 0.0000 0.0000 0.0000 0.0000 0.0000 0.0603 0.1139 0.2090 0.0000 0.0000 ⎥
     ⎢ 0.0000 0.0000 0.0000 0.0687 0.0000 0.0000 0.0000 0.0000 0.0000 0.0429 0.0000 0.0000 0.0000 0.0354 0.0000 0.0000 0.0000 0.0000 0.0000 0.0000 0.0000 0.0000 0.0000 0.0140 0.0000 0.0000 0.0000 ⎥
     ⎢ 0.1348 0.0000 0.1528 0.0000 0.0000 0.0000 0.1175 0.3937 0.2136 0.1591 0.7306 0.6034 0.0000 0.0000 0.0000 0.0000 0.0000 0.0000 0.0000 0.0000 0.0000 0.0000 0.0000 0.0000 0.0000 0.0000 0.0000 ⎥
     ⎢ 0.2322 0.0000 0.0000 0.0000 0.0000 0.4875 0.2472 0.0000 0.0000 0.0000 0.0000 0.0000 0.0000 0.0000 0.0000 0.0000 0.0000 0.0000 0.0000 0.0000 0.0000 0.0000 0.0000 0.0000 0.0000 0.0000 0.0000 ⎥
A =  ⎢ 0.2506 0.0000 0.5902 0.8180 0.8112 0.4353 0.2319 0.0000 0.0000 0.0000 0.0000 0.0000 0.0000 0.0000 0.0000 0.0000 0.0000 0.0000 0.0000 0.0000 0.0000 0.0000 0.0000 0.0000 0.0000 0.0000 0.0000 ⎥
     ⎢ 0.0000 0.0000 0.0000 0.0000 0.0449 0.3484 0.0595 0.0353 0.2051 0.1142 0.0655 0.0000 0.0000 0.0000 0.0000 0.0000 0.0000 0.0000 0.0000 0.6855 0.0000 0.0000 0.0000 0.0000 0.0000 0.0000 0.0000 ⎥
     ⎢ 0.0272 0.7616 0.1208 0.1335 0.1606 0.0000 0.0372 0.0979 0.0853 0.0000 0.0000 0.0833 0.0815 0.2202 0.0000 0.0000 0.0000 0.0000 0.1428 0.0000 0.0000 0.0000 0.0000 0.0000 0.0000 0.0000 0.0000 ⎥
     ⎢ 0.0433 0.0000 0.1249 0.0652 0.0830 0.0633 0.0306 0.0000 0.0000 0.0000 0.1238 0.0000 0.0000 0.0000 0.0000 0.0000 0.0000 0.0000 0.0000 0.0000 0.0000 0.0000 0.0000 0.0482 0.0000 0.0000 0.0000 ⎥
     ⎢ 0.0537 0.0621 0.0000 0.0000 0.0000 0.0000 0.0000 0.0677 0.0000 0.0000 0.0000 0.0000 0.0538 0.0000 0.0000 0.0000 0.0000 0.0000 0.0000 0.0000 0.5076 0.0000 0.0000 0.0000 0.0000 0.0000 0.6819 ⎥
     ⎢ 0.0000 0.0000 0.0532 0.0000 0.0000 0.0000 0.1884 0.0690 0.0634 0.0000 0.7500 0.2082 0.0708 0.0482 0.2500 0.0000 0.0775 0.2252 0.0000 0.0000 0.0000 0.0000 0.0000 0.0000 0.0000 0.0000 0.1730 ⎥
     ⎢ 0.0788 0.0000 0.0573 0.0000 0.0000 0.3714 0.0874 0.0711 0.0000 0.0000 0.0000 0.0000 0.0000 0.0000 0.0000 0.5428 0.1566 0.0000 0.0000 0.0000 0.0000 0.0000 0.0000 0.4879 0.0000 0.1769 0.0000 ⎥
     ⎢ 0.0000 0.0000 0.0000 0.0000 0.0000 0.0000 0.0000 0.0687 0.0000 0.0000 0.0000 0.0000 0.0000 0.0000 0.0000 0.0000 0.0000 0.0000 0.0000 0.0000 0.0000 0.0000 0.4097 0.0000 0.1049 0.0000 0.0000 ⎥
     ⎢ 0.0563 0.1928 0.0445 0.0664 0.0000 0.0000 0.0000 0.0000 0.0000 0.0000 0.0000 0.0000 0.0000 0.0000 0.0000 0.0000 0.0000 0.0000 0.0000 0.0000 0.0000 0.0000 0.0000 0.1094 0.0000 0.4929 0.0000 ⎥
     ⎢ 0.0270 0.3590 0.3585 0.3609 0.0000 0.0000 0.0000 0.0000 0.1314 0.0000 0.0000 0.0000 0.0000 0.0000 0.0000 0.0000 0.0000 0.0000 0.0000 0.0000 0.0000 0.0000 0.0336 0.0000 0.7986 0.0000 0.0750 ⎥
     ⎣ 0.0427 0.0534 0.0172 0.0000 0.0000 0.0000 0.0000 0.0000 0.0000 0.0000 0.0000 0.3113 0.0000 0.0000 0.0000 0.0000 0.0000 0.0000 0.0686 0.2986 0.3113 0.0965 0.0590 0.0000 ⎦
```

附图 25 "多维共底"模型闭坑整治阶段矩阵 A

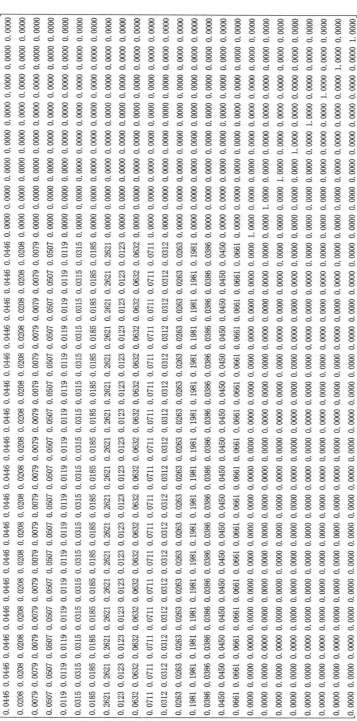

附图 26　"多锥共底"模型闭坑整治阶段矩阵 B

$$Q=$$

```
0.0384 0.0384 0.0384 0.0384 0.0384 0.0384 0.0384 0.0384 0.0384 0.0384 0.0384 0.0384 0.0384 0.0384 0.0384 0.0384 0.0384 0.0384 0.0384 0.0384 0.0384 0.0000 0.0256 0.0000 0.0000 0.0344 0.0526 0.0202
0.0061 0.0061 0.0061 0.0061 0.0061 0.0061 0.0061 0.0061 0.0061 0.0061 0.0061 0.0061 0.0061 0.0061 0.0061 0.0061 0.0061 0.0061 0.0061 0.0061 0.0061 0.0000 0.0000 0.0000 0.0363 0.0507 0.0510 0.0000
0.0034 0.0034 0.0034 0.0034 0.0034 0.0034 0.0034 0.0034 0.0034 0.0034 0.0034 0.0034 0.0034 0.0034 0.0034 0.0034 0.0034 0.0034 0.0034 0.0034 0.0034 0.0000 0.0000 0.5722 0.0603 0.0000 0.0000 0.0000
0.0020 0.0020 0.0020 0.0020 0.0020 0.0020 0.0020 0.0020 0.0020 0.0020 0.0020 0.0020 0.0020 0.0020 0.0020 0.0020 0.0020 0.0020 0.0020 0.0020 0.0020 0.0000 0.0000 0.2090 0.1139 0.0354 0.0000 0.0000
0.0105 0.0105 0.0105 0.0105 0.0105 0.0105 0.0105 0.0105 0.0105 0.0105 0.0105 0.0105 0.0105 0.0105 0.0105 0.0105 0.0105 0.0105 0.0105 0.0105 0.0105 0.0000 0.0000 0.0000 0.0000 0.0140 0.0000 0.0000
0.2477 0.2477 0.2477 0.2477 0.2477 0.2477 0.2477 0.2477 0.2477 0.2477 0.2477 0.2477 0.2477 0.2477 0.2477 0.2477 0.2477 0.2477 0.2477 0.2477 0.2477 0.0000 0.0000 0.0000 0.0000 0.0000 0.0000 0.0000
0.1557 0.1557 0.1557 0.1557 0.1557 0.1557 0.1557 0.1557 0.1557 0.1557 0.1557 0.1557 0.1557 0.1557 0.1557 0.1557 0.1557 0.1557 0.1557 0.1557 0.1557 0.0000 0.0000 0.0000 0.0000 0.0000 0.0000 0.0000
0.1557 0.1557 0.1557 0.1557 0.1557 0.1557 0.1557 0.1557 0.1557 0.1557 0.1557 0.1557 0.1557 0.1557 0.1557 0.1557 0.1557 0.1557 0.1557 0.1557 0.1557 0.0000 0.0000 0.0000 0.0000 0.0000 0.0000 0.0000
0.0989 0.0989 0.0989 0.0989 0.0989 0.0989 0.0989 0.0989 0.0989 0.0989 0.0989 0.0989 0.0989 0.0989 0.0989 0.0989 0.0989 0.0989 0.0989 0.0989 0.0989 0.0000 0.0000 0.0000 0.0000 0.0000 0.0000 0.0000
0.0226 0.0226 0.0226 0.0226 0.0226 0.0226 0.0226 0.0226 0.0226 0.0226 0.0226 0.0226 0.0226 0.0226 0.0226 0.0226 0.0226 0.0226 0.0226 0.0226 0.0226 0.6855 0.0000 0.0000 0.0000 0.0000 0.0000 0.0000
0.0509 0.0509 0.0509 0.0509 0.0509 0.0509 0.0509 0.0509 0.0509 0.0509 0.0509 0.0509 0.0509 0.0509 0.0509 0.0509 0.0509 0.0509 0.0509 0.0509 0.0509 0.0000 0.0000 0.0000 0.0000 0.0000 0.0000 0.0000
0.0581 0.0581 0.0581 0.0581 0.0581 0.0581 0.0581 0.0581 0.0581 0.0581 0.0581 0.0581 0.0581 0.0581 0.0581 0.0581 0.0581 0.0581 0.0581 0.0581 0.0581 0.1428 0.0372 0.0000 0.0979 0.0482 0.0000 0.0000
0.0220 0.0220 0.0220 0.0220 0.0220 0.0220 0.0220 0.0220 0.0220 0.0220 0.0220 0.0220 0.0220 0.0220 0.0220 0.0220 0.0220 0.0220 0.0220 0.0220 0.0220 0.0000 0.0000 0.0853 0.0815 0.0000 0.0000 0.0000
0.0155 0.0155 0.0155 0.0155 0.0155 0.0155 0.0155 0.0155 0.0155 0.0155 0.0155 0.0155 0.0155 0.0155 0.0155 0.0155 0.0155 0.0155 0.0155 0.0155 0.0155 0.0000 0.0000 0.0000 0.0000 0.0000 0.2202 0.0000
0.0078 0.0078 0.0078 0.0078 0.0078 0.0078 0.0078 0.0078 0.0078 0.0078 0.0078 0.0078 0.0078 0.0078 0.0078 0.0078 0.0078 0.0078 0.0078 0.0078 0.0078 0.0000 0.0000 0.0000 0.0000 0.0000 0.0000 0.0000
0.0905 0.0905 0.0905 0.0905 0.0905 0.0905 0.0905 0.0905 0.0905 0.0905 0.0905 0.0905 0.0905 0.0905 0.0905 0.0905 0.0905 0.0905 0.0905 0.0905 0.0905 0.0000 0.0000 0.0000 0.5428 0.0000 0.0000 0.0000
0.0068 0.0068 0.0068 0.0068 0.0068 0.0068 0.0068 0.0068 0.0068 0.0068 0.0068 0.0068 0.0068 0.0068 0.0068 0.0068 0.0068 0.0068 0.0068 0.0068 0.0068 0.0000 0.0000 0.1566 0.0000 0.4879 0.0000 0.0000
0.0131 0.0131 0.0131 0.0131 0.0131 0.0131 0.0131 0.0131 0.0131 0.0131 0.0131 0.0131 0.0131 0.0131 0.0131 0.0131 0.0131 0.0131 0.0131 0.0131 0.0131 0.0000 0.0000 0.0000 0.0000 0.0000 0.0000 0.0000
0.0096 0.0096 0.0096 0.0096 0.0096 0.0096 0.0096 0.0096 0.0096 0.0096 0.0096 0.0096 0.0096 0.0096 0.0096 0.0096 0.0096 0.0096 0.0096 0.0096 0.0096 0.0000 0.5076 0.0000 0.0000 0.0000 0.1769 0.0000
0.0048 0.0048 0.0048 0.0048 0.0048 0.0048 0.0048 0.0048 0.0048 0.0048 0.0048 0.0048 0.0048 0.0048 0.0048 0.0048 0.0048 0.0048 0.0048 0.0048 0.0048 0.0775 0.0000 0.2252 0.0000 0.0000 0.1049 0.0000
0.0345 0.0345 0.0345 0.0345 0.0345 0.0345 0.0345 0.0345 0.0345 0.0345 0.0345 0.0345 0.0345 0.0345 0.0345 0.0345 0.0345 0.0345 0.0345 0.0345 0.0345 0.0000 0.0000 0.0000 0.0000 0.0000 0.0000 0.0000
0.0269 0.0269 0.0269 0.0269 0.0269 0.0269 0.0269 0.0269 0.0269 0.0269 0.0269 0.0269 0.0269 0.0269 0.0269 0.0269 0.0269 0.0269 0.0269 0.0269 0.0269 0.0000 0.0000 0.0000 0.0000 0.1094 0.0000 0.4929 0.0000
0.0459 0.0459 0.0459 0.0459 0.0459 0.0459 0.0459 0.0459 0.0459 0.0459 0.0459 0.0459 0.0459 0.0459 0.0459 0.0459 0.0459 0.0459 0.0459 0.0459 0.0459 0.0000 0.0000 0.0000 0.0336 0.0000 0.7986 0.0000
0.0054 0.0054 0.0054 0.0054 0.0054 0.0054 0.0054 0.0054 0.0054 0.0054 0.0054 0.0054 0.0054 0.0054 0.0054 0.0054 0.0054 0.0054 0.0054 0.0054 0.0054 0.6819 0.1730 0.0750
0.0000 0.0000 0.0000 0.0000 0.0000 0.0000 0.0000 0.0000 0.0000 0.0000 0.0000 0.0000 0.0000 0.0000 0.0000 0.0000 0.0000 0.0000 0.0000 0.0000 0.0000 0.0000 0.0000 0.0000 0.0000 0.0000 0.0000
0.0229 0.0229 0.0229 0.0229 0.0229 0.0229 0.0229 0.0229 0.0229 0.0229 0.0229 0.0229 0.0229 0.0229 0.0229 0.0229 0.0229 0.0229 0.0229 0.0229 0.0229 0.0686 0.2986 0.0965 0.0590
```

附图 27　"多锥共底"模型闭坑整阶冶段矩阵 Q

参 考 文 献

[1] CAI Y P, CAI J Y, XU L Y, et al. Integrated risk analysis of water – energy nexus systems based on systems dynamics, orthogonal design and copula analysis [J]. Renewable and Sustainable Energy Reviews, 2019, 99：125 – 137.

[2] 刘秀丽，王昕，郭丕斌，等. 黄河流域煤炭富集区煤炭-水资源足迹演变及驱动效应研究 [J]. 地理科学，2022，42（2）：293 – 302.

[3] 许家林. 煤矿绿色开采 20 年研究及进展 [J]. 煤炭科学技术，2020，48（9）：1 – 15.

[4] 张建民，李全生，曹志国，等. 绿色开采定量分析与深部仿生绿色开采模式 [J]. 煤炭学 报，2019，44（11）：3281 – 3294.

[5] 曾一凡，刘晓秀，武强，等. 双碳背景下"煤-水-热"正效协同共采理论与技术构想 [J]. 煤炭学报，2023，48（2）：538 – 550.

[6] 胡振琪，肖武. 关于煤炭工业绿色发展战略的若干思考——基于生态修复视角 [J]. 煤炭 科学技术，2020，48（4）：35 – 42.

[7] 彭苏萍，毕银丽. 黄河流域煤矿区生态环境修复关键技术与战略思考 [J]. 煤炭学报，2020，45（4）：1211 – 1221.

[8] 郭文兵，白二虎，张璞，等. 新近含水层下厚煤层综放安全绿色开采及水资源清洁利用 [J]. 煤炭科学技术，2022，50（5）：30 – 37.

[9] 卞正富，于昊辰，韩晓彤. 碳中和目标背景下矿山生态修复的路径选择 [J]. 煤炭学报，2022，47（1）：449 – 459.

[10] 顾大钊，李井峰，曹志国，等. 我国煤矿矿井水保护利用发展战略与工程科技 [J]. 煤炭 学报，2021，46（10）：3079 – 3089.

[11] 张吉雄，汪集暘，周楠，等. 深部矿山地热与煤炭资源协同开发技术体系研究 [J]. 工程 科学学报，2022，44（10）：1682 – 1693.

[12] 曾一凡，梅傲霜，武强，等. 基于水化学场机器学习分析与水动力场反向示踪模拟耦合的 矿井涌（突）水水源综合判识技术 [J]. 煤炭学报，2022，47（12）：4482 – 4494.

[13] 曾一凡，孟世豪，吕扬，等. 基于矿井安全与生态水资源保护等多目标约束的超前疏放水 技术研究 [J]. 煤炭学报，2022，47（8）：3091 – 3100.

[14] 钱鸣高. 岩层控制与煤炭科学开采文集 [M]. 徐州：中国矿业大学出版社，2011.

[15] 钱鸣高，许家林，王家臣. 再论煤炭的科学开采 [J]. 煤炭学报，2018，43（1）：1 – 13.

[16] 马雄德，范立民，严戈，等. 植被对矿区地下水位变化响应研究 [J]. 煤炭学报，2017，42（1）：44 – 49.

[17] 马雄德，黄金廷，李吉祥，等. 面向生态的矿区地下水位阈限研究 [J]. 煤炭学报，2019，44（3）：675 – 680.

[18] 马雄德，祁浩，郭亮亮，等. 榆神矿区地下水埋深上限阈值 [J]. 煤炭学报，2021，46（7）：2370 – 2378.

[19] 顾大钊. 煤矿地下水库理论框架和技术体系 [J]. 煤炭学报，2015，40（2）：239 – 246.

[20] 顾大钊，颜永国，张勇，等. 煤矿地下水库煤柱动力响应与稳定性分析 [J]. 煤炭学报，2016，41（7）：1589-1597.

[21] 范立民，马雄德，蒋泽泉，等. 保水采煤研究 30 年回顾与展望 [J]. 煤炭科学技术，2019，47（7）：1-30.

[22] 侯恩科，谢晓深，王双明，等. 中深埋厚煤层开采地下水位动态变化规律及形成机制 [J]. 煤炭学报，2021，46（5）：1404-1416.

[23] 郭小铭，王皓，周麟晟. 煤层顶板巨厚基岩含水层空间富水性评价 [J]. 煤炭科学技术，2021，49（9）：167-175.

[24] 毕银丽，申慧慧. 西部采煤沉陷地微生物复垦植被种群自我演变规律 [J]. 煤炭学报，2019，44（1）：307-315.

[25] 马费成，望俊成，张于涛. 国内生命周期理论研究知识图谱绘制 [J]. 情报科学，2010，28（3）：334-340.

[26] 潘春霞，刘志峰，刘学平，等. 基于绿色设计的全生命周期评价方法研究 [J]. 制造业设计技术，2000（11）：6-9.

[27] VERNON R. International investment and international trade in the product cycle [J]. The Quarterly Journal of Economics，1966，80（2）：190-207.

[28] PEDERSON J A，BLAIR T J，CONNERS F W，et al. Coal resource economic evaluation [J]. Society of Petroleum Engineers，1979，（2）：61-69.

[29] MBEDZI M D，VAN DER POLL H M，VAN DER POLL J A. An Information Framework for Facilitating Cost Saving of Environmental Impacts in the Coal Mining Industry in South Africa [J]. Sustainability，2018，10（6）：1690.

[30] ARDEJANI F D，MAGHSOUDY S，SHAHHOSSEINI M，et al. Developing a Conceptual Framework of Green Mining Strategy in Coal Mines：Integrating Socio-economic，Health，and Environmental Factors [J]. Journal of Mining and Environment，2022，13（1）：101-115.

[31] 张青，李克荣. 资源耗竭型企业生命周期问题研究——以煤炭企业为例 [J]. 煤炭经济研究，2005（1）：8-12.

[32] 陆刚，程伟，韩可琦. 衰老矿井识别及矿井生命周期仿真研究 [J]. 河南理工大学学报（自然科学版），2009，28（5）：689-694.

[33] 刘俊峰. 基于生命周期视角的煤炭建设项目成本管控研究 [J]. 煤炭经济研究，2016，36（6）：73-76.

[34] 方向清. 基于全生命周期的矿井水利用技术模式 [J]. 中国煤炭地质，2021，33（7）：67-71.

[35] International Energy Agency. World Energy Outlook 2012 [R]. Paris：International Energy Agency，2012.

[36] CHATTERJEE R，TARAFDER G，PAUL S. Groundwater quality assessment of Dhanbad district，Jharkhand，India [J]. Bulletin of Engineering Geology and the Environment，2010，69（1）：137-141.

[37] VIADERO R C，FORTNEY R H. Water-Quality Assessment and Environmental Impact Minimization for Highway Construction in a Miningimpacted Watershed：The Beaver Creek Drainage [J]. Southeastern Naturalist，2015，14（S7）：112-120.

[38] MOLENDA T. Impact of a Saline Mine Water Discharge on the Development of a Meromictic Pond，the Rontok Wielki Reservoir，Poland [J]. Mine Water and the Environment，2018，

37：807-814.

[39] MASOOD N，HUDSON-EDWARDS K，FAROOQI A. True cost of coal：coal mining industry and its associated environmental impacts on water resource development [J]. Journal of Sustainable Mining，2020，19（3）：135-149.

[40] 袁亮. 煤炭精准开采科学构想 [J]. 煤炭学报，2017，42（1）：1-7.

[41] 王双明，申艳军，孙强，等. 西部生态脆弱区煤炭减损开采地质保障科学问题及技术展望 [J]. 采矿与岩层控制工程学报，2020，2（4）：5-19.

[42] 张建民，李全生，南清安，等. 西部生态脆弱区现代煤-水仿生共采理念与关键技术 [J]. 煤炭学报，2017，42（1）：66-72.

[43] 曹志国，张建民，王皓，等. 西部矿区煤水协调开采物理与情景模拟实验研究 [J]. 煤炭学报，2021，46（2）：638-651.

[44] 王庆伟，郭彪，宋梅，等. "煤-水-环"绿色协调发展评价指标体系构建与应用——以寺河井田为例 [J]. 煤田地质与勘探，2022，50（4）：98-105.

[45] BP p. l. c. BP Statistical Review of World Energy [R]. London：BP p. l. c，2023.

[46] 孙宝东，滕霄云，张帆，等. 2024年中国能源供需形势研判 [J]. 中国煤炭，2024，50（4）：20-26.

[47] 中华人民共和国国家统计局. 中华人民共和国2023年国民经济和社会发展统计公报 [EB/OL]. [2023]. 中华人民共和国国家统计局，https：//www. stats. gov. cn/sj/zxfb/202402/t20240228_1947915. html.

[48] 郑德志，任世华，秦容军，等. 我国煤炭行业发展方式变革方向与路径研究 [J]. 中国煤炭，2023，49（5）：11-17.

[49] 黄星怡，张佳乐，杨肖丽，等. 黄河流域水文干旱时空特征研究 [J]. 华北水利水电大学学报（自然科学版），2023，44（3）：25-34.

[50] 绿色和平. 煤炭产业如何加剧全球水危机 [R]. 绿色和平国际，2016.

[51] 王义，张俊娥，程洋，等. 煤矿区植被-水-土响应关系研究进展分析 [J]. 干旱区资源与环境，2023，37（11）：82-91.

[52] 杜新强，何立滢，任思睿，等. 中国北方地区水资源演变和供水构成变化特征 [J]. 吉林大学学报（地球科学版），2023，53（2）：566-577.

[53] 申艳军，杨博涵，王双明，等. 黄河几字弯区煤炭基地地质灾害与生态环境典型特征 [J]. 煤田地质与勘探，2022，50（6）：104-117.

[54] 于海旭，刘闯，金磊，等. 世界露天煤矿发展综述 [J]. 中国煤炭，2023，49（6）：116-125.

[55] 李浩荡，佘长超，周永利，等. 我国露天煤矿开采技术综述及展望 [J]. 煤炭科学技术，2019，47（10）：24-35.

[56] 何绪文，王绍州，张学伟，等. 煤矿矿井水资源化利用技术创新 [J]. 煤炭科学技术，2023，51（1）：523-530.

[57] 马冠华，申斌学，马雪燕，等. 疏干水资源化利用效益评价研究 [J]. 干旱区资源与环境，2021，35（4）：126-132.

[58] 李岩. 内蒙古母杜柴登矿"七里镇砂岩"含水层横向注浆帷幕截流技术可行性研究 [J]. 中国煤炭地质，2022，34（S1）：40-44.

[59] 王林威，靖娟，尚文绣. 矿井大量涌水地区多水源联合配置 [J]. 水资源与水工程学报，2023，34（3）：37-45，54.

[60] 王丽，杜松，文扬. 煤矿矿井水综合利用存在问题及原因分析——以黄河流域煤矿为例

[J/OL]. 中国国土资源经济，1-10 [2024-07-31]. http：//106.52.93.171：8085/kc-ms/detail/11.5172. F. 20240604.1656.002. html.

[61] 马国逢，刘洋，杨建，等. 蒙陕深埋煤层首采工作面顶板富水性和涌水量差异研究 [J]. 煤炭工程，2024，56（2）：87-91.

[62] 杨廷超. 煤矿矿井水处理技术及资源化综合利用 [J]. 煤炭与化工，2021，44（12）：61-63，68.

[63] 张春晖，赵桂峰，苏佩东，等. 基于"深地-井下-地面"联动的煤矿矿井水处理利用模式初探 [J]. 矿业科学学报，2024，9（1）：1-12.

[64] 张楠，郭欣伟，倪深海，等. 矿井水开发利用模式分类研究 [J]. 人民黄河，2021，43（8）：74-78.

[65] 刘永刚. 窟野河流域煤炭开采对水资源影响分区研究 [J]. 地下水，2022，44（4）：72-75.

[66] 中华人民共和国水利部. 2016年中国水资源公报 [R]. 北京：中华人民共和国水利部，2016.

[67] 缪协兴，浦海，白海波. 隔水关键层原理及其在保水采煤中的应用研究 [J]. 中国矿业大学学报，2008（1）：1-4.

[68] 丁宁，逯馨华，杨建新，等. 煤炭生产的水足迹评价研究 [J]. 环境科学学报，2016，36（11）：4228-4233.

[69] 林刚，付晶莹，江东，等. 中国煤炭去产能的水资源协同效益分析 [J]. 煤炭科学技术，2023，51（7）：187-196.

[70] 张会军. 黄河流域煤炭富集区生态开采模式初探 [J]. 煤炭科学技术，2021，49（12）：233-242.

[71] BATTY L C，YOUNGER P L. The Use of Waste Materials in the Passive Remediation of Mine Water Polution [J]. Surveys in Geophysics，2004，25（1）：55-67.

[72] CHAULYA S K. Water Resource Development Study for a Mining Region [J]. Water Resources Management，2003，17（4）：297-316.

[73] MAREE J P，GUNTHER P，STROBOS G，et al. Optimizing the Effluent Treatment at a Coal Mine by Process Modelling [J]. International Journal of Mine Water，2004，23（2）：87-90.

[74] 左其亭，李可任. 最严格水资源管理制度理论体系探讨 [J]. 南水北调与水利科技，2013，11（1）：34-38，65.

[75] MATHYS N，KLOTZ S，ESTEVES M，et al. Runoff and erosion in the Black Marls of the French Alps：Observations and measurements at the plot scale [J]. Catena，2005，63（2/3）：261-281.

[76] 李琳. 宁东煤炭基地矿井水供需双向协调评价——基于 TOPSIS 方法的实证研究 [J]. 陕西煤炭，2019，38（1）：5-8，19.

[77] ZHANG N，WANG D X，LI L，et al. Two-way coordinated evaluation of mine water supply and demand in coal base-Empirical Research Based on TOPSIS Method [J]. Journal of Physics Conference Series，2019，1176（2）：937-943.

[78] 尹良凯. 矿井水深部存储技术在蒙陕矿区矿井处理中的应用研究 [J]. 价值工程，2024，43（17）：66-69.

[79] 王浩，游进军. 中国水资源配置30年 [J]. 水利学报，2016，47（3）：265-271，282.

[80] 孙亚军，张莉，徐智敏，等. 煤矿区矿井水水质形成与演化的多场作用机制及研究进展 [J]. 煤炭学报，2022，47（1）：423-437.

［81］ 胡振琪，肖武，赵艳玲. 再论煤矿区生态环境"边采边复" ［J］. 煤炭学报，2020，45（1）：351－359.

［82］ 胡振琪，龙精华，王新静. 论煤矿区生态环境的自修复、自然修复和人工修复 ［J］. 煤炭学报，2014，39（8）：1751－1757.

［83］ 霍冉，徐向阳，姜耀东. 国外废弃矿井可再生能源开发利用现状及展望 ［J］. 煤炭科学技术，2019，47（10）：267－273.

［84］ 卞正富，于昊辰，雷少刚，等. 黄河流域煤炭资源开发战略研判与生态修复策略思考 ［J］. 煤炭学报，2021，46（5）：1378－1391.

［85］ 张东升，范钢伟，张世忠，等. 保水开采覆岩等效阻水厚度的内涵、算法与应用 ［J］. 煤炭学报，2022，47（1）：128－136.

［86］ 范立民，马雄德，吴群英，等. 保水采煤技术规范的技术要点分析 ［J］. 煤炭科学技术，2020，48（9）：81－87.

［87］ 马立强，余伊何，SPEARING A J S. 保水采煤方法及其适用性分区——以榆神矿区为例 ［J］. 采矿与安全工程学报，2019，36（6）：1079－1085.

［88］ 李文平，王启庆，刘士亮，等. 生态脆弱区保水采煤矿井（区）等级类型 ［J］. 煤炭学报，2019，44（3）：718－726.

［89］ 孙魁，范立民，夏玉成，等. 基于保水采煤理念的地质环境承载力研究 ［J］. 煤炭学报，2019，44（3）：831－840.

［90］ 罗齐鸣，华建民，黄乐鹏，等. 基于知识图谱的国内外智慧建造研究可视化分析 ［J］. 建筑结构学报，2021，42（6）：1－14.

［91］ OLAWUMI T O，CHAN D W M. A scientometric review of global research on sustainability and sustainable development ［J］. Journal of Cleaner Production，2018，183：231－250.

［92］ 陈超美，陈悦. 科学发现的结构与时间属性 ［J］. 科学与管理，2014，34（3）：27－32，81.

［93］ 陈超美，陈悦，侯剑华，等. CiteSpace Ⅱ：科学文献中新趋势与新动态的识别与可视化 ［J］. 情报学报，2009，28（3）：401－421.

［94］ 陈悦，陈超美，刘则渊，等. CiteSpace 知识图谱的方法论功能 ［J］. 科学学研究，2015，33（2）：242－253.

［95］ KLEINBERG J. Bursty and hierarchical structure in streams ［J］. Data Mining and Knowledge Discovery，2003，7（4）：373－397.

［96］ ZHANG X L，ZHENG Y，XIA M L，et al. Knowledge domain and emerging trends in vinegar research：A bibliometric review of the literature from WoSCC ［J］. Foods，2020，9（2）：166.

［97］ 徐勇，张雪飞，周侃，等. 资源环境承载能力预警的超载成因分析方法及应用 ［J］. 地理科学进展，2017，36（3）：277－285.

［98］ 马壮林，高阳，胡大伟，等. 城市群绿色交通水平测度与时空演化特征实证研究 ［J］. 清华大学学报（自然科学版），2022，62（7）：1236－1250.

［99］ 梁向阳，杨建，曹志国. 呼吉尔特矿区矿井涌水特征及其沉积控制 ［J］. 煤田地质与勘探，2020，48（1）：138－144.

［100］ 许峰，靳德武，杨茂林，等. 神府-东胜矿区高强度开采顶板涌水特征及防治技术 ［J］. 煤田地质与勘探，2022，50（2）：72－80.

[101] 娄高中，谭毅. 基于 PSO - BP 神经网络的导水裂隙带高度预测 [J]. 煤田地质与勘探，2021，49（4）：198 - 204.

[102] 高建良，蔡行行，卢方超，等. 特厚煤层分层开采下伏煤层应力分布及破坏特征研究 [J]. 煤炭科学技术，2021，49（5）：19 - 26.

[103] 王晓振，许家林，韩红凯，等. 顶板导水裂隙高度随采厚的台阶式发育特征 [J]. 煤炭学报，2019，44（12）：3740 - 3749.

[104] 施龙青，辛恒奇，翟培合，等. 大采深条件下导水裂隙带高度计算研究 [J]. 中国矿业大学学报，2012，41（1）：37 - 41.

[105] 李蕊瑞，陈陆望，欧庆华，等. 考虑覆岩原生裂隙的导水裂隙带模拟 [J]. 煤田地质与勘探，2020，48（6）：179 - 185，194.

[106] 李奇，秦玉金，高中宁. 基于 BP 神经网络的覆岩"两带"高度预测研究 [J]. 煤炭科学技术，2021，49（8）：53 - 59.

[107] 李全生，郭俊廷，张凯，等. 西部煤炭集约化开采损伤传导机理与源头减损关键技术 [J]. 煤炭学报，2021，46（11）：3636 - 3644.

[108] 曾一凡，武强，杜鑫，等. 再论含水层富水性评价的"富水性指数法" [J]. 煤炭学报，2020，45（7）：2423 - 2431.

[109] 靳德武. 我国煤矿水害防治技术新进展及其方法论思考 [J]. 煤炭科学技术，2017，45（5）：141 - 147.

[110] 姚辉，尹尚先，徐维，等. 基于组合赋权的加权秩和比法的底板突水危险性评价 [J]. 煤田地质与勘探，2022，50（6）：132 - 137.

[111] 任君豪，王心义，王麒，等. 基于多方法的煤层底板突水危险性评价 [J]. 煤田地质与勘探，2022，50（2）：89 - 97.

[112] SINGH K B, DHAR B B. Sinkhole subsidence due to mining [J]. Geotechnical & Geological Engineering, 1997, 15 (4): 327 - 341.

[113] 邹友峰，邓喀中，马伟民. 矿山开采沉陷工程 [M]. 徐州：中国矿业大学出版社，2003.

[114] 邹友峰. 高强度开采地表生态环境演变机理与调控 [M]. 北京：科学出版社，2019.

[115] 崔希民，车宇航，Malinowsk A A，等. 采动地表沉陷全过程预计方法与存在问题分析 [J]. 煤炭学报，2022，47（6）：2170 - 2181.

[116] 张发旺，宋亚新，赵红梅，等. 神府—东胜矿区采煤塌陷对包气带结构的影响 [J]. 现代地质，2009，23（1）：178 - 182.

[117] 李晶，闫星光，闫萧萧，等. 基于 GEE 云平台的黄河流域植被覆盖度时空变化特征 [J]. 煤炭学报，2021，46（5）：1439 - 1450.

[118] 卞正富，雷少刚，刘辉，等. 风积沙区超大工作面开采生态环境破坏过程与恢复对策 [J]. 采矿与安全工程学报，2016，33（2）：305 - 310.

[119] 何渊. 鄂尔多斯盆地沙漠高原区湖泊和潜水面蒸发能力研究 [D]. 西安：长安大学，2006.

[120] 刘英，雷少刚，陈孝杨，等. 神东矿区植被覆盖度时序变化与驱动因素分析及引导恢复策略 [J]. 煤炭学报，2021，46（10）：3319 - 3331.

[121] LIU Y, LEI S G, CHENG L S, et al. Leaf photosynthesis of three typical plant species affected by the subsidence cracks of coal mining: A case study in the semiarid region of Western China [J]. Photosynthetica, 2019, 57 (1): 75 - 85.

[122] 苗霖田，夏玉成，段中会，等. 黄河中游榆神府矿区煤-岩-水-环特征及智能一体化技术

[J]. 煤炭学报，2021，46（5）：1521-1531.

[123]　孙亚军，李鑫，冯琳，等. 鄂尔多斯盆地煤炭-水资源协调开采下矿区水资源异位回灌-存储技术思路 [J]. 煤炭学报，2022，47（10）：3547-3560.

[124]　SAATY T L. Decision Making with Dependence and Feedback：The Analytic Network Process [M]. Pittsburgh：RWS Publications，2001.

[125]　SAATY T L. Decision Making with Dependence and Feedback：The Analytic Network Process [M]. Pittsburgh：RWS Publications，2004.

[126]　李春好，陈维峰，苏航，等. 尖锥网络分析法 [J]. 管理科学学报，2013，16（10）：11-24.

[127]　张吉军，姜一，卢虹林. 尖锥网络分析的一般性结构及其权重计算方法 [J]. 系统工程，2015，33（9）：138-141.